原子核物理

物質の究極の世界を覗く

Frank Close 著

名越 智恵子 訳

SCIENCE PALETTE

Nuclear Physics

First Edition

A Very Short Introduction

by

Frank Close

Printed in Japan

訳者まえがき

1兆分の1センチメートルという目には見えない物質の極めて小さい世界，しかも硬くて壊れない粒子，それは原子核．科学者たちが壊して中を覗こうとしても簡単には壊れない，きっと宝が沢山，詰まっていたのでしょう．

やがて，米国のアーネスト・ローレンスの加速器の発明により，この世界が光り輝き始めました．そして，極微の世界に住んでいる，物質の中で最も小さい粒子の物理学的特徴に関する研究が急速に進みました．

この核物質を壊すときに出る放射線を利用して，今では物理学の世界では当然のことですが，医療に，がん治療，農業，工業，年代測定その他人々の幸せのために広い範囲で使用されています．原子爆弾や原子力発電にも，この粒子の存在は欠かせないものです．

物質を構成している基本粒子の中に，ニュートリノがあります．どんな物質にも重さがありますが，この粒子は質量もなく，何物にも影響しない謎の粒子として存在していました．しかも1秒間に何億個も私たちの身体を通過しています．ところが，2016年，日本の科学者たちを中心に，質量があることが確かめられ，ノーベル賞を授与されました．科学の世界は，次々と新しいことが研究されています．

この小さいけれどもとても大きなエネルギーを秘めた原子核物理学について，人生の中で一度は勉強しておきましょう．

2017 年 3 月

名越　智恵子

目　次

第1章
大聖堂のハエ

原　子

私たちが自分たちを取り囲む世界を見たとき，原子の中心には小型の原子核があり，そこでは巨大な力がはたらいているということはいうまでもなく，あらゆるものが原子でできているということを，直ちに証明するものは何もない．

1808年，英国人化学者のジョン・ドルトンは，物質の近代原子論を提唱した．

その頃，化学は定量的科学になっており，多種多様な物質は，水素，炭素，酸素などのいくつかの元素が異なる数量で結合することによって形成されている，ということをすでに証明していた．ドルトンは，もし各元素が原子（ごく小さな物体で，互いに結合して，物質を目に見えるくらい十分な大きさにつくり上げるもの）からできているのであれば，こうした規則性を説明できるであろう，ということに気がついた．そして，さまざまな元素の原子を組み合わせることによって，非元素物質の分子がつくりだされるのだろうと．さらに，原子は分割できないと考えた．これ以上分割できないという意味のatomosという言葉を造り出した古代ギリシャの哲学者たちに敬意を表して，原子をatomsと名づけたのはまさにそのためだ．

これら元素物質のうち98個は，地球上で自然発生すると現在では知られており，そのいくつかは他の元素よりもよく知られている（98個の起源については第5章で説明している）．人は呼吸をするたびに，1000兆個の酸素原子を吸い込んでいる．このことから，それぞれの原子がいかに小さいものであるか，ということが想像つくだろう．しかしながら，原子が一番小さな物質というわけではない．1世紀ほど前には，原子は侵入できない小さな物体，おそらく小型のビリヤードボールのようなものと考えられていたが，今日では，原子は非常に複雑な内部構造をしていることがわかっている．原子の内部では，電子がその中心にある小型でそれよりはるかに重い質量の原子核の周りをぐるぐる回っている．これが電子の旋回である．電子は隣接する原子の間でつかの間入れ替わる．それにより，ある原子が別の原子と結びついて，分子やより大きな物質をつくり上げる．

電子は負電荷を帯びており，原子核は正電荷を帯びているため，電子は逆の電荷に引っ張られ，原子核から離れて一定の位置にある．数千度の温度があれば，この引力は完全に破壊され，原子内部からすべての電子が遊離してしまう．室温でさえも１つ２つの電子を遊離しうる．化学や生物学，そして生命は，電子が１つの原子から別の原子へ簡単に移動できるということに始まる．恒星や近代物理学に比べて冷えている状態に限っていえば，19 世紀の科学者は化学的な活性について気がついただけで，原子の中心である原子核についてはわからなかった．

原子は物質の根源ではないという間接的なヒントが初めて現れたのは 1869 年頃のことである．その頃，ドミトリ・メンデレーエフは，一番軽い水素から，一番重いウランまでの元素を表にして，類似の性質をもつ元素は等間隔で繰り返し現れる（図 1）ということを発見した．もし各元素が完全に独立したものであるならば，元素間の類似性は無作為に生じるだろう．経験的な周期性であるということが際立った．今ではわれわれはその根拠を知っている．すなわち，原子は単純なものというよりはむしろ，電子が小さな原子核を取り囲むという共通の構成要素からつくり上げられた，複雑な体系である．約 100 年前にアーネスト・ラザフォードと彼の同僚が行った実験により，この原子構造は具現化した．彼らの行った実験は数年にわたり，一連の発見をもたらした．

自然界はその神秘を深く埋めてきたが，完全に覆い隠してきたわけではない．原子構造内で起こる絶え間ない攪拌の手がかりはいたるところにみられる．乾燥した髪を梳かしたと

1 H																		2 He
3 Li	4 Be												5 B	6 C	7 N	8 O	9 F	10 Ne
11 Na	12 Mg												13 Al	14 Si	15 P	16 S	17 Cl	18 Ar
19 K	20 Ca		21 Sc	22 Ti	23 V	24 Cr	25 Mn	26 Fe	27 Co	28 Ni	29 Cu	30 Zn	31 Ga	32 Ge	33 As	34 Se	35 Br	36 Kr
37 Rb	38 Sr		39 Y	40 Zr	41 Nb	42 Mo	43 Tc	44 Ru	45 Rh	46 Pd	47 Ag	48 Cd	49 In	50 Sn	51 Sb	52 Te	53 I	54 Xe
55 Cs	56 Ba	57–70 *	71 Lu	72 Hf	73 Ta	74 W	75 Re	76 Os	77 Ir	78 Pt	79 Au	80 Hg	81 Ti	82 Pb	83 Bi	84 Po	85 At	86 Rn
87 Fr	88 Ra	89– **																

57 La	58 Ce	59 Pr	60 Nd	61 Pm	62 Sm	63 Eu	64 Gd	65 Tb	66 Dy	67 Ho	68 Er	69 Tm	70 Yb
89 Ac	90 Th	91 Pa	92 U										

* ランタノイド
** アクチノイド

図1 元素の周期表

きに放出される静電気，稲光の効果，宇宙粒子が磁北極に衝突することで発生するオーロラ，何千マイルも離れたところにある磁力を小さなコンパスの針が感知する能力，これらは原子内部で生じる電気力のほんの一例である．天然岩石の放射能や，エネルギーを注いで周囲よりも暖かさを保つラジウムの能力は，さらに深いところ，つまり原子核内部で作用する巨大な力によるものだ．

1895年，ヴィルヘルム・レントゲンによるX線発見は，近代原子物理学と原子核物理学の端緒となった．今日われわれは，X線が電磁放射（基本的には光の波長は，われわれが色として認識する光の波長よりもずっと短い）の一種であることを知っている．しかし，X線がどのようなものであり，どのようにして生じるかについて解明されだしたのは19世紀末であった．X線を解明するなかで，そのほかにも多くのことが発見された．とりわけ注目すべきは，原子は複雑な内部構造をもつという発見であった．

1896年1月の第1週目，パリでアンリ・ベクレルはレントゲンの発見したX線について知った．ベクレルはX線とりん光との間に何か関係があるのではないかと考えた．これを解明するために，彼はいくつかのりん光の結晶を数時間，日光に当ててみた．まず結晶を不透明な紙で覆い，その包みを写真乳剤の上に置いた後，暗い引き出しの中にしまっておいた．もし結晶が可視光線のみを放出するのであれば，この不透明の紙を透過して写真乳剤に到達するものは何もないはずだ．ところが，いくらかのX線が遮断されることなく乾板まで到達し，その乾板にかぶりを生じさせていた．さらなる実験で，ベクレルが結晶の包みと感光材料の間にいくつかの金属片を置いたところ，X線は遮断され，金属片のシルエットが像として残った．

ベクレルは二重に運がよかった．1つ目は，彼が用いた結晶にウランが含まれていたこと，2つ目は，パリは何週間も曇っていたので，計画を実行に移せずにいたことだ．3月1日までにベクレルはいらいら感を募らせていった．この時点で，何もすることがなかったので，かすかな像くらいは写っているだろうと期待しながらとにかく乾板を現像することにした，と後に彼は語っている．

驚いたことに，像はくっきりしたものだった．これにより，あらかじめ日光などの刺激に晒さなくても，ウランはエネルギーを自然放出するということが明らかになった．

今日では，この自然放射能の発見は重大なものであると認識されているが，当時はさほど衝撃的なものではなかった．真の意味で放射能の時代が到来したのは，ピエール・キュリー，マリー・キュリー夫妻が他の元素，特にラジウムの放射能を発見したときであった．その作用が非常に強かったので，試料の元素は暗闇で白光を放った（「放射能」という用語を創案したのはマリー・キュリーである）．1903年までには，ベクレルの発見の重要性が十分認識された．キュリー夫妻がベクレルとノーベル物理学賞を分かちあったのは妥当であろう．放射能の線源が十分に理解されるまでさらに半世紀かかったが，その間，アーネスト・ラザフォードらが原子構造を解明する手段として，放射能という現象は利用されてきた．

放射能のα，β，γ

19世紀末は原子物理学にとって輝かしい時代であった．レントゲンのX線発見とベクレルの放射能の発見に続き，1897年，J. J. トムソンは電子を発見した．彼は，電子はすべての原子に共通して存在する，ということを認識し，それはあらゆる原子に内部構造があるということを示唆するものであった．

電子は従来，負と思われる電荷を帯びている．このことが直ちに示唆するのは，原子をつくり上げる方法だ．つまり，反対の電荷の間で作用する引力によって，負電荷の電子と正電荷のある物質を結合させる力がもたらされるということだ．問題は，何が正電荷をもたらしたのか，そして，どのようにして原子内部に正電荷が分布しているかである．

トムソンは原子の質量は電子によると考えた．つまり，一番軽い原子である水素を造るのに，数千の電子が必要であるということだ．トムソンの「プラムプディングモデル＜ブドウパンモデル＞」では，電子は，正電荷を帯びた合金のようなプディングの中に，プラムのように散りばめられていた．

1895年10月，それはレントゲンがX線を発見する1か月前，そして彼らの発見が劇的に発表される2か月前のこと，若きニュージーランド人，アーネスト・ラザフォードは故郷を離れ，英国ケンブリッジのキャヴェンディッシュ研究所に向かう途中であった．トムソンの指導のもと，ラザフォードは新たに発見されたX線がどのようにして気体を電離させるかについて研究し始めた．この過程で，彼は2種類以上の放射線があることを証明した．

ラザフォードはすでに，ウランから放出される放射線によって生じる電離について研究し始めていたが，方針を変えて，放射能を研究するために電離を利用することにした．そのために電位差計を用いた．電場において電荷した金属細片の偏差を測定するのがねらいだ．

ラザフォードは，放射線が種々の金属によってどのように吸収されるかについて調べた．彼はウランを数枚のアルミニウムのシートで覆ったところ，徐々に放射線が吸収されることを発見した．100分の1ミリメートル程度の箔があれば，かなりの放射線を減少させることができる．しかし，この後，彼がさらに箔を追加していくと，放射線はその強度を維持するように思われた．ところが，数ミリメートルのアルミニウムシートを追加したところ，再び放射線の強度は著しく軽減された．

このことからラザフォードは，放射線には2つの要素があるという結論を導き出した．1つは容易に吸収されるもので，アルファと命名し，もう1つはアルミニウム箔を容易に貫通してしまうもので，ベータと名づけた．

その後，先の2つとは異なる，3種類目の放射線が発見された．これはガンマ線として知られるようになった．ガンマ線が高エネルギーのX線の一種であることは，今日では周知のとおりだ．X線は大きな原子の深いところに縛られている電子から放出されるが，ガンマ線は原子核から放出される．ラザフォードは後に，ベータ線は電子から構成されており，この電子は原子内に予め存在しているものではなく，原子核が安定性の調整をしたときに形成されるものである，と証明している（第2章参照）．彼は，アルファ粒子がヘリウムの原子核であるということも後に証明した．

2種類の放射線を分析する過程で，1900年，ラザフォードはある奇妙なことに気がついた．それは，彼が研究していた放射線源のトリウムは気体を放出するが，その放出した気体自体も放射活性をもつということだ．この気体は，1898年にピエールとマリー・キュリー夫妻が発見したラジウムから放出される気体と同じであると思われた．この気体の正体を突き止めるうちに，ラザフォードと彼の同僚，フレデリック・ソディは原子の錬金術を発見し，それに対するノーベル賞を受賞した．

錬金術

この1900年という年までに，ラザフォードはモントリオールのマギル大学を本拠地としていた．フレデリック・ソディはオックスフォードから赴任したての化学者であった．彼はトリウムの気体を分析した．一連の詳細な研究により，その気体にはさまざまな放射性物質が分離されていた．そして，エマネーション＜放射性気体元素＞は気体であるばかりではなく，アルゴン（今日ではラドンとして知られている元素）のように，化学的には不活性な新しい元素であるということを立証した．これは画期的な発見であった．2つの元素，ラジウムとトリウムはこれまで，不変的に物質の根源である原子と信じられてきたのに，まさか別の基本的元素と思われているラドン原子を自然放射するとは．さらに驚くことが待ち受けていた．トリウムはまずラジウムの構造へと変化し，最終的にはラドンになり，変換の各過程において放射線を放出していることをソディは発見した．

彼らは，崩壊してできた生成物はさまざまな元素から構成されていることだけでなく，物理学的にはこれらの生成物はよく知られた元素の変種である，ということをも証明した．ある元素の異種は化学的には同一であるので，同じ元素であるが，物理学上は異なる元素である．これら異種は，ギリシャ語で（元素周期表の中で）「同じところに位置する」という意味のアイソトープ＜同位体＞とよばれている．

異なる同位体の化学的性質が同じでも，物理的性質は大幅に異なりうる．特定の元素の１つの同位体が安定していても，別の同位体は放射活性をもっていて崩壊する．一般的に，単一元素の同位体はそれぞれ半減期をもっている．「半減期」という用語は，ある放射性試料が崩壊してその数が半分に減るまでに要する時間のことである．トリウム崩壊における各生成物の半減期の長さにはかなりの幅がある．これにより，ソディはそれら生成物の独自性を割り出すことができたのだ．同位体の起源については第２章で述べることとする．

この頃，ピエールとマリー・キュリー夫妻は，ウランが崩壊したときにできた生成物の中に，新しい放射性元素，ラジウムとポロニウムを発見した．彼らの大発見は，ラザフォードとソディの成果と合わせて，原子は内部構造をもっており，その内部構造はある原子と隣の原子とではわずかに違う，ということを解明する手がかりとなった．この内部構造のわずかな違いにより，ある型の原子が，別の原子に変わると思われた．

ラザフォードがアルファ粒子の性質を明らかにしたことが，この謎を解く最初の手がかりとなった．

1905年，彼はトリウム，ラジウムおよびその他の元素の崩壊により放出されたアルファ線の研究をするなかで，次のような発見をした．いずれの場合でも，アルファ粒子はヘリウム原子と同じ質量だが，電気的には中性である通常のヘリウム原子とは違って，アルファ粒子は２つの正電荷を運ぶ(通常電子は負電荷を帯びているとして)．アルファ粒子は二重にイオン化されたヘリウム原子であるに違いない，と彼は思った．このことから，ウランやトリウムの結晶鉱石中になぜヘリウムが閉じ込められているのかという謎が解ける．つまりそれは，これら放射性元素が自然にアルファ粒子を放出しているからである．

アルファ粒子は正電荷を帯び，軽い原子と同じような質量をもつということをすでに確証していたラザフォードは，原子にアルファ粒子を衝突させて粒子がどのように散らばるかを観察すれば，原子の内部構造がわかるかもしれないというアイデアをつかんだ．

電子，アルファ粒子，原子核

トムソンは，電子は最も軽い原子である水素の2000分の1程の重さしかない，ということをすでに証明していた．もし，電子が原子を形成する元素の構成要素の１つであるならば，他の構成要素は何であるか？ 正電荷と負電荷は原子内部でどのように配列されているのか？ 原子の変換をもたらしたものは何か？ 放射能の起源は何であるか？ 20世紀は原子構造を解明することから始まった．

まず，原子に正電荷をもたらすものが何であるのか，正確に洗い出さなければならなかった．これには原子内部を見る手段が必要だった．ラザフォードのアルファ粒子の研究から，トムソンはその手段を思いついた．そして一気に問題の核心に迫った．

アルファ粒子は原子から放出されていて非常に小さい．毎秒 15 000 km で移動する．これは光の速度の約 20 分の 1 であるが，ラザフォードは，マイカの薄紙がわずかにアルファ粒子を偏向させることに気がついた．彼は，マイカ内部の電子力は，これまで知られてきたものと比べて非常に強いものに違いないと思い，このような強力な電場は，小さな領域（原子よりもさらに小さな領域）にだけ存在するに違いない，という結論を導き出した．これにより，彼は素晴らしい推量をした．電子を原子に閉じ込め，非常に速く動くアルファ粒子を偏向させているものの正体がこの強力な電場である，と推量したのだ．この推量から大きな考えが浮かんだ．すなわち，原子が高速で動くアルファ粒子ビームを偏向させるという方法から，原子の電気構造を導き出すことができるのではないかと考えたのである．

アルファ粒子自体は正電荷を帯びているが，それらがすべての原子の正電荷の源であるはずはない，ということをラザフォードはわかっていた．つまり，アルファ粒子の質量は水素の約 4 倍で，その電荷は電子（当然，反対の電荷である）の 2 倍であるから，構成要素としてアルファ粒子を用いて水素をつくりだすことはできないということだ．しかしながら，アルファ粒子の激しい運動量は，アルファ粒子が原子内部に入り込めるということを意味していた．アルファ粒子の偏向から，原子構造について多くのことが明らかとなった．

比較的大容積で動きの速いアルファ粒子は，原子の外から軽い電子を強打するが，その動きはほとんど乱れない．トムソンの原子のブドウパンモデルでは，原子内部は正電荷で満たされており，その中で電子のような軽い粒子が動いているかもしれない，と考えられた．もし彼の考えが正しければ，質量のあるアルファ粒子は原子を貫通するであろう．

ラザフォードは助手のハンス・ガイガーとともに，原子構造の研究にとり掛かった．彼らは，シンチレーター（硫化亜鉛を塗ったガラス板）を強打して放出させたわずかな発光から，アルファ粒子を検出した．偏向パターンにより，原子内部には非常に強い電場があり，この電場がアルファ粒子をわずかに偏向させていることが裏づけられた．しかし彼らの結果は，アルファ粒子は絶え間なく散乱するという難題に見舞われた．この難題について彼らは説明できなかった．

そこで，1909 年，ラザフォードは彼の若い助手，アーネスト・マースデンに命じて，金箔がこの難題を解決してくれるかどうか調べさせた．

マースデンは実験を行い，アルファ粒子のほとんどが真っ直ぐに通り抜けるが，だいたい 10 000 のうち 1 つくらいは跳ね返るとラザフォードに報告した．砲弾がエンドウ豆に跳ね返されるなんてことがあるのか？ それはこれまでの人生で最も信じがたい出来事だったと，ラザフォードは後に語った.「それは，15 インチの砲弾を 1 枚のティッシュペーパーに撃ち込んだら，跳ね返って自分に当たったようなものだった.」金原子のどこかに，アルファ粒子よりもずっと質量のある物質の集団があるに違いない．これまで厄介な問題であったことが一転して驚くべき発見となった.

ラザフォードは数か月かけてこの難題を解き，1911 年にその答えを発表した．それは，すべての原子の正電荷と質量のほとんどが，中心にある小型の原子核に含まれている，というものだった．原子核は原子の体積の 1 兆分の 1 よりも小さいので，激しい衝突はめったに起こることはなく，電子はその外側に広範に散在していると考えた．この原子モデルが正しいものであるならば，さまざまな角度からどのくらいの頻度でアルファ粒子はまき散らされているのか，そしてアルファ粒子が失うエネルギーはどのくらいか．ラザフォードはこれらを計算した．次の 2 年間で，マースデンとガイガーはさまざまな物質からアルファ粒子を散乱させて，ラザフォードの原子核論を検証した.

ラザフォードの最初の計算は驚くほど直接的だった．正電荷のアルファ粒子は原子核に跳ね返されて，その飛行経路に引き戻されさえした．最初にラザフォードが原子核の大きさを導き出すことができたのは，これらのアルファ粒子が 180 度で跳ね返されるという稀な場合からであった．次のように彼は計算した.

アルファ粒子が原子から離れているとき，アルファ粒子の全エネルギーは運動中にある．つまり運動エネルギーだ．アルファ粒子は標的原子核に近づくと，速度を落とす．いわば「反発する荷電」といったところだ．このように，運動エネルギーは減少するが，総体的にみればエネルギーは一定している．アルファ粒子と原子核が互いに近づくと，静電反発力による位置エネルギーが大きくなるからだ．そしてアルファ粒子は，電気斥力により，来た方向へと弾き飛ばされる前に一瞬静止する．アルファ粒子が静止しているこの時点では，そのエネルギーは完全に静電気位置エネルギーである．静電気位置エネルギーは2つの電荷の積に比例し，原子核までの接近距離に反比例する．

エネルギー保存により，ラザフォードは距離によって決まるこの量と，アルファ粒子が飛行の早い段階でもっている運動エネルギーとが同じであると考え，原子核の大きさを測定する方法を導き出した（彼はアルファ粒子がその運動量をすべて失う前にさまざまな物質の中をどれくらい進むのか測定した．この距離から，彼はアルファ粒子が進み出すときの運動エネルギー量を推定することができた）．

その結果に彼はひどく驚いた．彼が明らかに興奮していることは，彼の手記からわかった．というのも，彼の筆跡がほとんど判読できなくなっていったからだ．彼はこう記した．「電荷を帯びた中心は，原子の半径に比べて非常に小さいということがわかった.」

これにより，その後1世紀にわたり考えられてきた原子の姿を実質的につかむことができる．それは，負電荷の電子と小型で正電荷の原子核が，完璧な電気バランスで中性の原子を形成しているということである．それとは対照的に，質量の点では満足がいかない．正電荷の原子核は負電荷の電子よりも数千倍重いからだ．例の物質は巨大な正電荷と非常に小さな負電荷から構成されている．ところが，負電荷と正電荷はきちんとバランスを保っているのだが，それはひどく偏った非対称の形でなのである．

以上のことから，間違いなく正電荷は中心に位置する．では速く飛ぶ電子は何をするのか．この謎がまだ残っている．1913年，これを解明すべくニールス・ボーアは原子の「惑星型」模型を考え出した．惑星型模型では，電気力により電子は原子核から離れたところに位置する．原子は粒子という点では空っぽであるが，非常に強い電場で満ちている．このことから，規模自体本質的に違うものの，原子構造は太陽系に似ており，重力の代わりに電磁力が引力としてはたらくという，しばしば引用されてきた類似性が導き出された．しかしながら，いくつかの理由により，これは不適切な類似性である．その理由の一つとして，実際，原子は太陽系よりもはるかに空っぽだということが挙げられる．

太陽系では，太陽から地球までの距離は太陽の直径の100

倍長い．ところが，これに相当する水素原子の半径と中心にある原子核（陽子）の大きさとの比率は 10 000 倍であるから，原子はさらに空っぽである．そして，この空っぽの状態は続く．次に個々の陽子はさらに小さな粒子，クォークから構成されている．クォークの本来の大きさは，私たちが測ることができる大きさよりもさらに小さい．確実にいえることは，クォーク 1 つは陽子の直径の 10 000 分の 1 にも満たないということだ．同じことが，「太陽」陽子と比べた「惑星」電子についてもいえる．つまり，実際の太陽系のほんの 100 分の 1 というよりはむしろ，10 000 分の 1 である．そのため，原子内部の世界は信じられないくらい空っぽである．

さて，物質が実に固いものであるということはどのように考えられるか？ 粒子の中身に関していえば，原子は空っぽかもしれないが，巨大な力で満ちている．原子内部の電場と磁場は，われわれが最も強力な磁性物質でつくるどんなものよりもはるかに強力である．原子を不可侵性のものにしているのはこの電磁場の力である．この電磁場の力のおかげで，皆さんはこれを読んでいる最中も，地球の中心へと沈まないでいられる．

この原子の姿は，初めて認識されてから 1 世紀経った現在も同じである．もし，原子を大聖堂と同じ大きさに拡大したら，原子核はハエと同じくらいの大きさだろう．それでもなお，電子は今日に至るまで基本的に根源粒子であると考えられる一方，原子核はそうではない．原子核は豊かな内部構造をもっている．原子核の性質の解明の第一歩は，20 世紀初頭の 10 年間におけるラザフォードと彼の同僚によってであった．

第2章
原子核の核錬金術

陽子――原子核の電荷の担い手

1913年までに，ラザフォードは，正電荷を帯びた原子核は強力な電気力の源であり，この強力な電気力は原子のいたるところに作用し，負電荷の電子を所定の位置に保持することを立証した．彼は，すべての原子核は電荷を帯びているということのみならず，鉄や金のような重い元素は，水素，炭素，窒素のようなより軽い元素よりも多くの電荷を帯びていることに気がついた．たとえば，金原子は79の電子をもっており，その電子の負電荷は，小型の原子核が同じくらい多量に帯びている正電荷によってバランスがとれている．この正電荷はアルファ粒子の電荷をはるかに凌ぐ．侵入してくるアルファ粒子が原子核に到達する前に跳ね返されるのはそのためだ．ラザフォードの実験は原子の中まで入り込み，質量のある小型の中心をあらわにしたが，原子核自体の構造については何一つ明らかにしていなかった．

ラザフォードは，原子核がほんのわずかな電荷しか帯びていない軽い原子なら，アルファ粒子はもっと近づくことができることに気がついた．水素は最も軽い元素で一つの電子しかもたないので，その原子核は最も小さく，アルファ粒子に対する反発力も一番弱いに違いない．ラザフォードはマースデンとともに，水素原子にアルファ粒子を照射することにした．

アルファ粒子は水素原子の原子核の約 4 倍の重さである．そのため，アルファ粒子が水素に照射される場合，フットボールのようなアルファ粒子が軽いテニスボールのような水素に衝突するようなものと思われるであろう．このような場合，フットボールはテニスボールを強打してほぼ同じ方角へ進ませながら，前進を続ける傾向にある．比較的質量のあるアルファ粒子が水素原子にぶつかると，同じことが起きる．つまり，水素の原子核は前方へ弾き出されるということだ．

霧箱が発明されたことにより，原子核構造の解明は一気に進んだ．霧箱とは，荷電粒子が過飽和の気体の中を進む際，その飛跡をとらえる装置のことである．ラザフォードは周知のとおり，この霧箱の発明が科学に「原子内部を観察する望遠鏡」をもたらした，と述べている．ラザフォードとマースデンがアルファ粒子の約 4 分の 1 の質量の正電荷粒子の飛跡を検出したのは，この霧箱を使ってである．ラザフォードは，これらの粒子は水素原子の原子核に違いない，ということを立証した．1つの正電荷単体ユニットをもつこれらの粒子は，今日，陽子とよばれている．

1914年から1917年にかけて，ラザフォードは，陽子はすべての元素の原子核に共通してあり，それ自体が原子核を正電荷の状態にしていることを見抜いた．はじめにマースデンは，アルファ粒子が大気中の原子から陽子をたたき出すことに気がついた．それからラザフォードは，6つの軽い元素，すなわち，ホウ素，フッ素，ナトリウム，アルミニウム，リン，窒素から，陽子を取り出すことに成功した．その結果，1919年，これら粒子はあらゆる元素の原子核の構成要素であることが最初に明らかになったので，ラザフォードはこの粒子をギリシャ語で最初という意味のプロトン（陽子）と名づけた．

1921年から1924年にかけて，パトリック・ブラケットは霧箱を使って，アルファ粒子が窒素にぶつかる様子を23 000枚の写真に収めた．画像の大部分で，アルファ粒子は貫通していたが，時には飛ぶビリヤードボールのようにわずかに偏向していた．しかしながら，8枚の貴重な写真に，注目すべきあることが写っていた．

この写真から，アルファ粒子が窒素原子に衝突し，霧箱中に太く短い飛跡を残した何かとともに陽子を弾き飛ばしたと思われる．この飛跡は，窒素のように適度な重さのある原子核が生成されたことによるものと思われた．しかしながら，最も重要な点は，跳ね返ったアルファ粒子の飛跡が全く見えなかったことである．これについては次のように説明ができよう．入射したアルファ粒子は窒素から陽子をはがしとった後，それ自体が標的原子核と結合して，酸素原子の形態をとる原子核をつくった．アルファ粒子は窒素原子核を変えてしまったのだ．つまり，核変換がフィルムに記録されたということだ．

この過程は次のように要約できる．

$$^{4}_{2}\alpha + {}^{14}_{7}\mathrm{N} \rightarrow {}^{1}_{1}\mathrm{p} + {}^{17}_{8}\mathrm{O}$$

ここで，下付き文字は陽子の数を示す．陽子の数により元素（アルファ粒子と陽子を明示して，窒素は記号 N，酸素は記号 O で示してある）が定まる．上付き文字は実質的には陽子に対して質量を示す（次の節で述べるように，これは陽子と中性子の総数である）．反応におけるこれら構成要素の簡単な配列変化は，質量（上付き文字）および正電荷（下付き文字）の保存を示している．質量と正電荷の数は，反応の両側（その数を再構成する衝突の「前」と「後」）でそれぞれ，18 および 9 で保存される．

ここまでで，すべての原子核は共通の構成要素からなっている，ということがわかった．これらの構成要素に配列変化がなされると変換が起きる．しかしながら，これら構成要素は陽子だけとする見解ではうまく説明がいかない．

原子の質量の大部分とすべての正電荷は原子核の中にある．したがって，電荷を2倍もつ別の原子核は2倍の数の陽子をもっているに違いない．そのため，質量は2倍であると思われる．しかしながら，このようにはならない．すなわち，ほとんどの原子核の質量は2倍よりもはるかに大きくなる傾向にある．たとえば，酸素原子核の8個の陽子が正電荷をもたらすわけだが，その原子番号に相当する元素の質量を測定すれば，酸素原子は水素原子よりも16倍か17倍くらい重いことがわかるだろう．酸素の8個の陽子はその質量の半分にすぎない．では残り半分の質量をもたらしているものは何であるか？

中性子

1920年，電荷と質量の間のずれを解明すべく，ラザフォードは電気的に中性な陽子の類似体，つまり中性子が存在するかもしれないと考えた．最も単純な推測としては，陽子と電子は実質的には中性粒子の役割を果たしながら，原子核内部でどうにかして互いをしっかりとつかんでいるというものであった．

しかしながら，これでは事実をすべて解明することはできない．中性子は陽子と同様，単一粒子である．中性子の存在はまず予測され，その後立証された．

量子力学に従えば，原子核は回転することができるが，それはある特定の割合でのみだ．スピンの程度は，磁場にある原子核から放出される光のスペクトルから導き出すことができるが，それについては本書の範囲を超える量子力学の詳説が必要となってくる．

中性子が陽子と同じ速さで回転するなら，窒素のスピンについて満足のいく説明をすることができる．他の元素のスピンも仮説と一致する．したがって，この考え方は無駄がなく正確である．つまり，すべての原子核は陽子と中性子とで構成されているということだ．

1920年代，この考えを証明することが挑まれた．第一段階は中性子の存在を証明することであった．フレデリック・ジョリオと彼の妻であり，マリー・キュリーの娘のイレーヌ・キュリーによって中性子の存在が明らかとなったが，それは誤った解釈であった．中性子は1932年に，ラザフォードの同僚，ジェームズ・チャドウィックにより発見された．その経緯は次のとおりである．

ジョリオ=キュリー夫妻はアルファ粒子を4番目に軽い元素，ベリリウムに照射して，電気的に中性の放射線が放出されることを発見した．現在これらは中性子であると認識されているが，彼らはX線であると勘違いした．ラザフォードは彼らの結果を聞いたとき，彼らはおそらく偶然，中性子をつくりだしたのだと感づいた．チャドウィックは玉突きにおける発砲のように原子核照射を行い，これが中性子であることを立証した．

アルファ線をベリリウムに照射すると謎の放射線が放出される．その後この放射線は水素，ヘリウム，窒素など，他のさまざまな気体の原子にぶつかる．軽い水素は大きく跳ね返るが，それよりも重い元素はそれほど跳ね返らないというパターンは，この目に見えない因子が陽子と似た質量をもっているということにほかならない．そこでチャドウィックは，中性粒子の進路に一連の元素を置いた．その粒子は彼が試みたどの元素からも，そしてラザフォードのノーベル賞メダルの金からさえも陽子を飛び出させた．どのケースにおいても，飛び出した陽子のエネルギーは，それら陽子が質量のある中性粒子により放り出されたことと一致する結果となった．

ラザフォードはこのことを，H.G. ウェルズの小説『透明人間』になぞらえた．透明人間を直接見ることはできないが，人ごみで誰かとぶつかるとその存在が感知される．ここで原子を構成する新たな粒子の存在が明らかになった．その粒子は陽子と同じように質量があるが，電荷を帯びていない．つまりラザフォードは中性子を予言したということだ．質量と電荷の有無におけるたくさんの相違点があるなかで，ある一点を除けば陽子と中性子は同じものである．それらは原子核の構成要素であるため，しばしば，ひとまとめに「核子」とよばれている．

チャドウィックが中性子を発見したのと同じ年の 1932 年，

初めて原子核が人工的な方法によって分裂された．以前はラジウムの自然放射性崩壊によってつくりだされたアルファ粒子がプローブとして用いられたが，今度はジョン・コッククロフトとアーネスト・ウォルトンが，電場を用いて陽子を高速に加速し，リチウム原子核にこの高エネルギー粒子ビームを照射した．

これには以前行われていた方法にまさる２つの利点があった．１つめは，単体正電荷の陽子が受ける電気抵抗は，２倍の電荷のアルファ粒子が原子核に近づいたときに受ける電気抵抗よりも低いということだ．２つめは，こちらのほうがより重要なことであるのだが，高速粒子は速度が落ちる前により深くまで侵入する，ということである．このようにして，コッククロフトとウォルトンは最初の核粒子加速器をつくった．つまり彼らは，原子核内部を研究するための実用的な器具をつくりだしたということだ．口語的表現で「原子粉砕機」と言及されるこの装置は，中性子および陽子自体の内部構造を探るために利用されてきた現代の粒子加速器の原型となった．原子核構造が解読され始めたのは，1932 年以降のことである．

同位体

中性子は，電荷を帯びていないが陽子と同様に原子核内にあり，総電荷を変えることなく，原子核の質量を増加させている．通常，陽子１つだけからなっている水素原子核を除いて，中性子はあらゆる原子核にとって欠くことができない構成要素である．

特定の元素の原子核はすべて同数の陽子をもっているが，中性子の数は異なる．水素は通常，陽子１つだけで構成されていて中性子をもたないが，全水素原子のうち約 0.015％は，陽子１つと中性子１つとから構成されている．このような構成の原子核は重陽子として知られている．重陽子は時に重水素とよばれるデューテリウムの原子核である．陽子１つと中性子２つとから構成されるものは，三重水素の原子核であるトリトンとして知られている．

ウランの稀な型は U-235，最も多い型は U-238 として知られており，中性子はそれぞれ 143，146 である．これらの中性子が 92 の陽子に加算され，総数はそれぞれ 235 および 238 になる．従来，原子核は元素に相当する記号で表される．陽子数は下付き文字で，核子（陽子と中性子）の数は上付き文字で示される．たとえば，アルファ粒子は $^{4}_{2}He$ と表記される．また，上述のウラン同位体は $^{235}_{92}U$，$^{238}_{92}U$ というように表す．この記号は核反応において，個々の中性子と陽子がどのように入れ替わったのか計算するのに有用である．つまり，上付き文字（分子）と下付き文字（分母）の数を勘定すればいいだけだ．（後述のようにたとえば，電子であるベータ粒子が放出されることによって）電荷が一定に保たれている限り，核子（分子）の総数は保たれるが，分母は変わる．図２でさまざまな核子を示す．

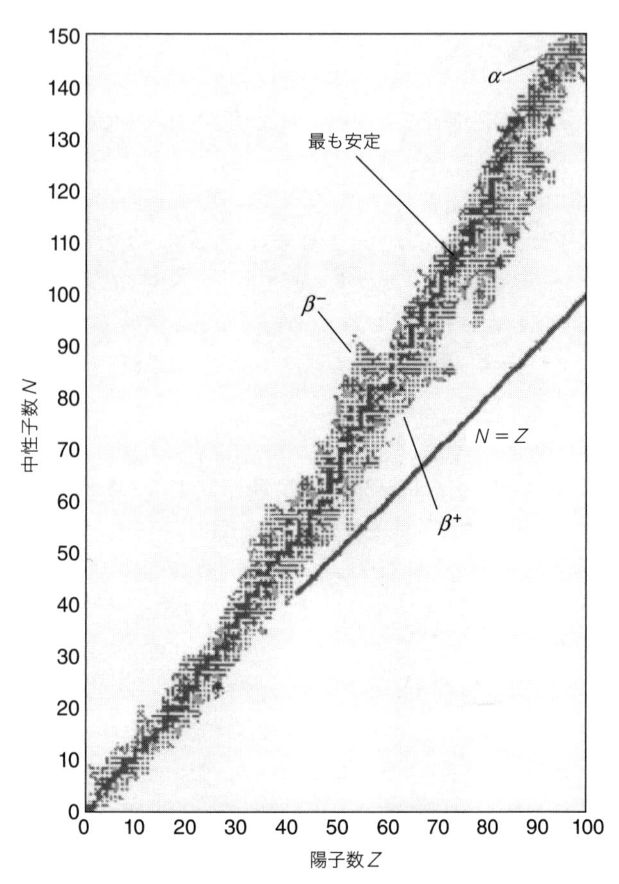

図 2　核図表．真っ黒の部分は最も安定した同位体である．グレーの部分は不安定同位体で，図のように β^- および β^+ 放射，あるいは α 放射により崩壊する．

このような同位体は化学的には同じものでも，原子核自体の性質は劇的に変化している．原子炉では徐々に，兵器では急激にといった具合に，原子核からエネルギーを取り出すのに，中性子の数が実に重要となってくる．たとえば，U-235は原子力のみならず，原子爆弾の原料となる．

放射能の起源

陽子と中性子はあらゆる原子核に共通の構成要素であるので，ある種類の原子核はこれら粒子を吸収あるいは放出することにより，別の性質の原子核に変わる．このことは自然放射能においても自発的に起きる．自然放射能の場合，不安定な原子核はより安定した状態となるべくその構成要素を調整する．時に紛らわしく人工放射能とよばれているような変化も誘発される．そのような変化を起こすためには，ある元素の原子核に他の粒子，とりわけ中性子を衝突させる場合がある．あるケースでは，この衝突により原子核から莫大な量のエネルギーが放出される．そのエネルギーは，いわゆる原子爆弾においては爆発的に，原子力発電所では制御された状態で放出される．

自然放射能のよく知られた例として，アルファ粒子の線源が挙げられる．アルファ粒子の線源は，数十年にわたるラザフォードと同僚たちによる素晴らしい実験で最大限に利用されてきた．アルファ粒子はがっちりと結合した2つの陽子と2つの中性子とから構成されている．したがって，遊離するとこの組み合わせはヘリウム原子核を形成する．この小さなクラスターはとても小型であるため，重元素の原子核のようにたくさんの陽子や中性子に埋もれたとしても，その独自性をほぼ失わずにいる．時に重原子核はこの四核子を自然放出することにより安定性を得る．陽子と中性子の正味数は終始別々に保たれる．つまり，1つの原子核が2つに崩壊したということだ．この原子核の自然崩壊は放射能の一例であり，1896年にベクレルがこの現象を発見したことに対する説明となる．

たとえばウラン原子核がトリウムへと崩壊する時のアルファ粒子の放射を要約すると，

$$^{238}_{92}\mathrm{U} \rightarrow {}^{234}_{90}\mathrm{Th} + {}^{4}_{2}\mathrm{He}$$

中性子を高い割合でもつ同位体は不安定になりがちである(第3章参照)．そのような同位体はアルファ粒子を放出するだけでなく，中性子が自然に陽子へと変換し，その過程において電子を放出する．電荷は保存される．

$$\mathrm{n}^0 \rightarrow \mathrm{p}^+ + \mathrm{e}^-$$

この式で上付き文字は，n（中性子），p（陽子），e（電子）の電荷を表す．

この過程はベータ崩壊として知られており，多くの原子核変換の根源である．ベータ崩壊において，電子のエネルギーはある状態から別の状態へと変わったと考えられる一方，崩壊過程が上述のとおりであるなら，電子のエネルギーは毎回一定に保たれるはずであるという，1つの不可解な特徴がある．エネルギーは長い期間にわたり一定に保たれるが，ある形から別の形へと変わる．アインシュタインは，質量が消失したときにエネルギー量 $E = mc^2$ が発生することを証明した．この式で c は光の速度を示す．遊離した中性子は陽子よりも若干質量がある．これは，エネルギーに換算すると 940 MeV 中約 1.3 MeV に相当する（これらエネルギー単位の明確な定義については後で述べることとする）．このように，崩壊で放出されるエネルギーは次のように示されるはずだ．

$$E = m(\text{中性子})c^2 - [m(\text{陽子})c^2 + m(\text{電子})c^2] = 0.8\ \text{MeV}$$

これは陽子と電子の運動エネルギーとして明示されるべきものである．しかしながら，電子エネルギーはこの値で固定されるどころか，実際は変化し，完全にゼロにもなる．

1931 年，オーストリア人のウォルフガング・パウリは，崩壊過程において，目に見えない 3 番目の粒子が形成されているという仮説を提唱した．この目に見えない粒子はエネルギー自体をいくらか持ち去る．このことから，電子のエネルギーの可変性を説明することができる．この粒子は電気的には中性であるため，中性微子（中性子と区別するために）と名づけられた．これは慣習に従い，記号 ν で表される．このようなベータ崩壊の全過程を図 3 で示したが，式で表すと次のとおりになる．

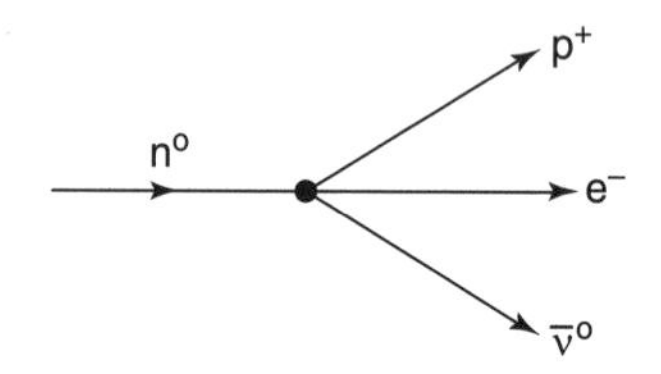

図 3　中性子のベータ崩壊．中性子 n^0 が陽子 p^+，電子 e^-，反中性微子 $\bar{\nu}$ へと変わる．上付き文字は，各粒子が陽子の電荷量と比較した場合にもっている電荷量を示しており，符号は正電荷であるか負電荷であるかを示す．

$$n^0 \rightarrow p^+ + e^- + \nu$$

中性微子の存在は 1956 年まで確認されなかった（専門的には，この過程で反中性微子 $\bar{\nu}$ が生じるのだが，その詳細は本書の範囲を超えるものである）．中性微子は核変換により放出されるが，もともと原子核内部に存在しているのではない．ベータ崩壊によって生じる電子と同様である．

ようやくガンマ放射能までたどり着いた．

量子力学により，原子内の電子の性質や原子核内部の核子の性質が解明される．ある原子において，電子は行きたい場所へ進めるわけではなく，梯子の上で各段を踏むことしかできない人と同様に，制限を受ける．電子が高いエネルギーをもって，1 つの段から下の段へと落ちるとき，光の光子によって過剰なエネルギーが失われる．このような光子のスペクトルにより，原子内部のエネルギー準位パターンが解明された．同じような制限が原子核内部の核子にも当てはまる．

励起状態にある原子核は，高い段に1つ以上の陽子あるいは中性子をもっており，光子の放出によりエネルギーを失う．電子に生じることと原子核に生じることとの主な違いは，放射される光の性質である．前者では，光は可視スペクトルにあり，その光子は比較的エネルギーが低い．一方，原子核の場合，光はX線とガンマ線で構成されており，その光子は電子よりも数百万倍のエネルギーをもつ．これがガンマ放射能の起源である．

原子核エネルギーのスケールと単位

この段階で，原子核物理学では，エネルギーがどのように考えられているかについて手短に述べておこう．

巨視的物理学では，エネルギーを計算するのに，ジュール(J) という単位を使う．大規模産業ではメガジュールあるいはテラジュールを使う．原子核物理学で必要とされるエネルギーは，比較的わずかである．電荷を帯びている電子が1ボルトの電圧の電場で加速されると，1.6×10^{-19} Jのエネルギーが得られる．ジュネーブにあるCERNの大型ハドロン衝突型加速器（LHC）のような加速器と同様，光とほぼ同じ速度で突進する場合でさえ，個々の粒子のエネルギーはおよそ10^{-7} J（1 Jの1000万分の1）程度に達するに留まる．このように小さな数字は取り扱うのが厄介であるため，従来，別の測定単位，電子ボルト（eV）が用いられている．すでに述べたが，1ボルトの電圧の電場で加速されると，得られるエネルギーは1.6×10^{-19} Jで，われわれはこれを1電子ボルトと定義している．

今や素粒子物理学に関連したエネルギーは扱いやすくなってきている．われわれは，10^3 eV を 1 keV（キロ eV）とよんでいる．同様に 100 万（メガ）10^6 eV は 1 MeV，10 億（ギガ）10^9 eV は 1 GeV であり，LHC における実験は 1 兆（テラ）10^{12} eV（1 TeV）の領域に入っている．

質量とエネルギーの等価性を表すアインシュタインの方程式，$E = mc^2$ からわかることは，エネルギーは質量に置き替えられ，逆の場合も同じであり，交換比率は c^2（光の速度の 2 乗）であるということだ．電子の質量は 9×10^{-31} kg である．もう一度繰り返すと，この数字は取扱いがやっかいなので，質量とエネルギーを定めるために $E = mc^2$ が使われる．この式を使えば，静止している 1 つの単体電子のエネルギーを 0.5 MeV で表すことができる．すなわち従来の言い方をすれば，その質量は 0.5 MeV/c^2 である．この単位で陽子の質量を示すと，938 MeV/c^2，ほぼ 1 GeV/c^2 である．通常，物理学者はしばしば c^2 を無視し，質量を数字と GeV で表す．

誘導放射能と核分裂

1930 年代前半，パリではイレーヌとフレデリックのジョリオ=キュリー夫妻が，きわめて強いアルファ粒子の線源をもっており，この粒子をさまざまな元素試料に衝突させていた．彼らは，アルミニウムを照射すると，その元素が高い放射能を帯びることを発見した．照射が始まると，彼らの試料の近くに置かれたガイガーカウンターがパチパチと音をたて始めた．パチパチ音は連打が終わっても続き，約3分後に半分くらいに弱まった．

事の顚末は次のようである．アルミニウム原子核は13個の陽子と14個の中性子から成り立っている．そのような融合体にアルファ粒子が加わると，一時的に陽子2つと中性子2つが供給される．ところが粒子の衝突により，15個の中性子と15個の陽子からなるかたまりを残して，中性子1つが削ぎ落とされる．この質量30のグループはリンの放射性同位体，すなわちリン30である．その半減期は3分で，これがジョリオ=キュリー夫妻のガイガーカウンターの動きの説明なのである．

したがって，

$$^{27}_{13}\mathrm{Al} + {}^{4}_{2}\mathrm{He} \rightarrow {}^{30}_{15}\mathrm{P} + {}^{1}_{0}\mathrm{n}$$

陽電子（電子の反粒子）を放出するリンの崩壊は次のとおりである．

$$^{30}_{15}\mathrm{P} \rightarrow {}^{30}_{14}\mathrm{Si} + e^{+} + \nu$$

原子核を変え，それによって，これまで活動していなかった物質の放射化を誘導することを可能ならしめたこの発見により，いくつかのケースでは化学で知られているものよりはるかに多量の潜在している原子核エネルギーの一部を意のままに解放できるようになった．1935年，イレーヌとフレデリックはこの発見に対してノーベル賞を受賞した．受賞にあたって，フレデリックは先見の明のある発言をしている．「このように原子を変化させることにより，起爆性の核変換を起こすことが可能になった．もし，さまざまな物質で，このような変換がうまく行われるなら，莫大な量の有益なエネルギーを解放することが想像できる．」

甚大な被害をもたらす核兵器が誕生することを暗示したという点において，彼の発言は先見性のあるものであった．核兵器開発の鍵となったのは，1934年，ローマにおけるエンリコ・フェルミのグループによる実験と，1938年，ドイツにおけるハーンとストラスマンによる核分裂の発見であった．フェルミグループの実験は，アルファ粒子の代わりに中性子を用いたという点以外は，ジョリオ=キュリー夫妻の実験を手本にしたものだった．

フェルミは，中性子は電荷をもたないので，原子核に近づいても跳ね返されない．したがって，中性子はアルファ粒子や陽子よりも原子核に近づきやすいことに気がついた．

中性子が激しく原子核にぶつかって原子核を壊してしまわないよう，フェルミはまず，中性子をパラフィンや水に通すことによって，中性子を減速させた．この技術を用いて，彼はさまざまな原子の原子核を首尾よく変化させた．彼は，中性子をフッ素にくっつけて，フッ素の新しい人工同位元素をつくりだした．同様にして，一番重い元素として知られているウランに至るまで，計 42 種類の原子核を標的として，実験を行った．

ウランの照射により，いくつかの不可解な結果が生じた．それは，中性子は単にウラン原子核にくっついたのではないということをほのめかすものであった．フェルミは，自分は最初の超ウラン元素をつくりだしたのだと思った．超ウラン元素とは，メンデレーエフの周期表でウランより大きい数字の元素で，その当時，地球上ではまだ存在が確認されていないが原理上は存在しうるものである．実際には，彼はウランを半分に分けたのだが，そのことに気がつかなかった．

ドイツでは，オットー・ハーンとフリッツ・ストラスマンが同じような実験を行い，生成物の中にバリウムを確認した．彼らのかつての同僚，リーゼ・マイトナーと彼女の甥で物理学者のオットー・フリッシュは，それに対する答えを見つけ出した．核力については第 3 章で述べるが，手短にいえば，ウラン原子核は液体のしずくのようなものである．原子核が強い力によって保持されている間，液体のしずくは表面張力により結合している．原子核内部の陽子間ではたらく電気斥力が，強い力に対して作用する．すなわち，元素は重ければ重いほど，陽子の数が多くなり斥力は大きくなる．超ウラン元素になると，2 つの力が互いに反発しあい，反応を起こすために安定な元素は存在しない．ウラン自体は微妙にバランスを保っているため，低速中性子の衝突により，ウラン

原子核は液体のしずくのように揺れ，ばらばらになる．いくつかの最終生成物が考えられるが，1つの例として，

$$n + {}^{235}_{92}U \rightarrow {}^{144}_{56}Ba + {}^{89}_{36}Kr + 3n$$

このような原子核の分裂を核分裂とよぶ．

核分裂で放出されるエネルギー量は，放射性崩壊（自然崩壊であれ誘導崩壊であれ）のエネルギー量よりはるかに多い．さらに，破片の中に新しく生成された3つの中性子が他のウラン原子核の崩壊をもたらし，次いで起こる連鎖反応で莫大な量のエネルギーが放出される．これが実用的な原子力の原理であり，いわゆる原子爆弾の原理である．

エネルギー・波動・分解

前に述べたように，ラザフォードはアルファ粒子ビームを使って原子核の存在を明らかにしたが，その方法で原子核の内部構造を解き明かすことはできなかった．その理由を知るために，そして原子核の実験研究をするにあたって何が必要とされるのかを理解するために，距離，エネルギー，分解の関連性に少し目を向けてみる必要がある．

あるものが何でできているか知るために，それをみるのに光を使ったり，温めてどんなことが起きるかをみたり，力ずくで粉々に壊したりする．これらのことに共通するのはエネルギーである．後の2つの事例では，エネルギーの役割はすぐにわかる．光については，関連性はあまりはっきりしない

ものの，量子論からくる．

光は電磁放射の１つの形態である．光が赤から青になると，波長は半分になる．青い光の波長は赤い光の波長の半分であるためだ（あるいは，電場と磁場が前後に行ったり来たりする振動数が，青い光は赤い光の２倍であるともいえる）．電磁スペクトルは双方向にさらに伸びている．青い光の領域を超えたところには，紫外線，X線，ガンマ線があり，その波長は可視光である虹の波長よりも短い．対照的に反対方向，つまり赤い光の領域を超えたところには，波長の長い赤外線，マイクロ波，電波がある．私たちが原子を見ることができないのは，光が波のように作用するということと関係している．波は小さな物体からは容易に散乱しない．物を見るためには，光線の波長が物の波長より小さくなければならない．

X線は非常に短い波長の光であるため，結晶でみられるような分子規模の標準的な構造により散乱される．X線の波長は個々の原子の大きさよりも長いため，原子は依然目に見えない．しかしながら，結晶内の規則正しい配列では隣接する面と面の間の距離はX線の波長に近いため，X線は結晶内部にある物質の相対位置を識別し始める．この手法はX線結晶学として知られている．

量子論における偉大な発見の１つに，粒子は波のような性質をもっており，逆に，波は量子として知られている断続した粒子のかたまりのような作用をすることが挙げられる．このように，電磁波は量子あるいは光子の一群のように振舞う．どの光子のエネルギーも振動する波の電場と磁場の振動数（ν）に比例する．これを式にすると，

$$E = h\nu$$

ここで示される比例定数 h はプランク定数である．

波（λ）の長さとピークが与えられた点を通った振動数は，速度 c と関連している．つまり $\nu = c/\lambda$ となる．エネルギーと波長を関連づけると，

$$E = \frac{hc}{\lambda}$$

で，比例定数は $hc \sim 10^{-6}$ eV m である．“1 eV は 10^{-6} m に相当する”といったようなおおざっぱな方法で，エネルギーと波長を関連づけることができる．

原子内部を徹底的に調べて原子核の構造を明らかにするためには，非常に短い波長，もしくは同じことなのだが，高い運動量とエネルギーの線源が必要である．われわれは自分たちが望むどんな小さな距離でも調べることができる．われわれがすべきことは，粒子がより短い波長に到達できるよう，粒子の速度を上げて粒子のエネルギーをますます高めることである．10^{-15} m の原子核の距離を解き明かすには，GeV 程度のエネルギーが必要とされる．

自然発生したアルファ粒子に威力はない．重元素から放出されるそれらの粒子は数 MeV の運動エネルギー，すなわち数 MeV/c の運動量しかもたず，距離が約 10^{-12} m を超える程度の構造を解き明かすことができる．さて，この大きさは原子よりも小さい．それにより自然発生したアルファ粒子は非常に有用となるが，大きい原子核でさえその大きさは 10^{-14} m であるから，それよりもずいぶん大きい．大きい原子核といえば金の原子核があるが，いうまでもなくそれぞれ 10^{-15} m の大きさの陽子と中性子が結合して金の原子核を構成している．したがって，自然発生したアルファ粒子は原子核の存在を突き止めるのには有効であるが，原子核内部を解明するにあたっては，もっと大きなエネルギーをもつビームが必要とされる．

荷電粒子の最初の加速器がジョン・コッククロフトとアーネスト・ウォルトンによりケンブリッジで設計され，原子核とそれを構成する粒子の全体像が明らかになりだしたのは，1932 年であった．われわれは原子核ビームを使うことができる．しかし一方でこれらはまさに，原子（というよりむしろ原子核）粉砕機であり，原子核同位体のパターンやその詳細を決定づけるのに役立ったため，最も単純なビームを用いて，同位体の基本構成要素について最も明確な情報が得られた．一般的に，炭素原子核は 6 つの陽子と同数の中性子から構成されている．たとえば，炭素原子核が他の原子核に衝突すると，たくさんの破片が生じる．その中には，標的原子核からだけでなく炭素ビーム自体から生じたものもある．これにより解釈が困難となるが，陽子ビームや電子ビームを使えば理解しやすくなる．これらは原子核と，今日では 10^{-19} m までの小さな距離を精査できる主要な方法である．

第3章

巨大な力

強い引力

いったいなぜ原子核は存在するのか？ 大きな原子核内部には，たくさんの陽子が互いに密接した状態で存在している．なぜこれらの陽子はすべて同じ電荷を帯びているのに，互いに反発しあわないのか？

その答えは，中性子と陽子が互いに接触するとき，それらの間で強い引力がはたらくということだ．この力は中性子と陽子を区別しない．中性子と陽子は，同種粒子を引き寄せるのと同じ強さで，互いに引き寄せあっている．原子核内部では，陽子と中性子が密接した状態で存在しており，この強い引力は電気斥力の100倍以上の強さである．

しかしながら，このように共存できる陽子の数には限りがある．どんな陽子も，その密着させる力が作用するのは隣接するものとの間のみであるが，電気的な崩壊はグループ全体に及ぶ．大きい原子核では，電気斥力の総量が局在化した引力を上回り，原子核は存続しえなくなる．電気的に中性である中性子は，このような力にはならない．したがって，中性子が存在することにより原子核は安定している．さらには，特に大きな原子核は安定するためにたくさんの中性子を必要とする．

重い原子核が陽子よりも中性子を多くもっているのはそのためである．元素周期表の数字が大きくなればなるほど原子核は大きくなり，安定するために必要とされる中性子の超過分は多くなる．しかしながら，中性子の超過分があまりにも多いと原子核は不安定となる．中性子は陽子よりもわずかに重いからだ．そのため，アインシュタインの質量とエネルギーの等価性に従えば，1つの中性子がもつエネルギーは1つの陽子がもっているエネルギーよりもわずかに大きい．この余剰エネルギーによって非常に不安定となるため，単独の中性子の半減期はわずか10分である．これに対して，単体陽子は非常に長い年月の間，おそらく永遠に存在しうる．

静止している単独の中性子はエネルギー量$E = m_{\mathrm{n}}c^2$を内包する．ここでm_{n}は中性子の質量をさす．同じように，単独の陽子は$E = m_{\mathrm{p}}c^2$のエネルギー量をもつ．このエネルギー量は経験的に，中性子のエネルギー量よりもわずかに少ない．したがって，単独の中性子はベータ崩壊$\mathrm{n} \to \mathrm{pe}^{-}\bar{\nu}$をするときエネルギーを失う．このエネルギーは電子と中性微子によってもち去られる．そして最終的に，単独の中性子は低いエネルギー状態，つまり陽子となる．陽子は最も軽い核子であり，何か他のものに変わることによりエネルギーを減じることはできない．その結果，単独の陽子は安定している．

ここで，1つあるいはそれ以上の陽子をもつ原子核内の中性子を思い描いてみよう．最も単純な例は重陽子である．これは単体中性子1つと単体陽子1つとからなる水素原子核の一種であり安定している．この中性子はなぜ安定しているのだろうか？

このことに答えるために，中性子の崩壊が起きたとすれば最終的にどうなるかということについて考えてみよう．はじめに中性子1つと陽子1つを接触させると，最終的には2つの陽子ができている．中性子が陽子に変換するときにエネルギーを失ったとしても，結果的にできた2つの陽子は，互いに電気斥力をもつことになる．この斥力はエネルギー勘定に加算される．このときの静電気増加量は，中性子（n）が陽子（p）に変換したとき（n → p）の消失量を超える．全体的にみて正味エネルギーは，中性子・陽子の組み合わせ（np）から陽子・陽子の組み合わせ（pp）に変わる過程で増加する．したがってこのような場合，中性子がベータ崩壊することにより核子の総エネルギーは増加する．そのため，最初の中性子・陽子の組み合わせ（np）は安定し，存続し続ける．

これにより，原子核には同じような数の中性子と陽子が存在するという法則が導き出された．最終の「陽子過剰」な環境で生じる余分の電気効果により，ベータ崩壊は妨げられる．しかしながら，1つのボールにあまりに多くの中性子を詰め込もうとすると，中性子が陽子に変わることにより質量が若干減るという利点が陽子の電気斥力の不利を上回り，中性子が陽子に変わる．したがって，実際，中性子過剰には限界がある．

中性子が安定している場合にはたらいているエネルギーの計算から，「逆ベータ崩壊」もしくは「陽電子放出」という現象も明らかにすることができる．正電荷をもつ電子（陽電子として知られており，反粒子の最も単純な例である）を放出しながら陽子が中性子に変わる原子核もある．この過程は $\mathrm{p} \rightarrow \mathrm{ne}^{+} \nu$ で表される．

逆ベータ崩壊は自由な陽子にはありえない．自由な陽子は最終の中性子のエネルギー $m_{\mathrm{n}}c^2$ が最初の陽子のエネルギーを超える質量で，「上り坂」を行かざるをえないからだ．しかしながら，複数の陽子をもつ原子核内では陽子は最終の数が最初の数よりも1つ少なくなるため，逆ベータ崩壊は静電エネルギーを減少させることができる．もし，このようなエネルギーの減少が，$m_{\mathrm{p}}c^2$ がより大きな $m_{\mathrm{n}}c^2$ に取って代わられるという代償を上回るなら，逆ベータ崩壊 A（P, N）$\rightarrow A$（$P-1, N+1$）$\mathrm{e}^{+}\nu$ が起きるだろう．この式で A は中性子と陽子の総数を表す．実際，自然に存在する「陽電子放出」の例はいくつかある．それらは，医学において大いに活用されている．PET スキャナー（陽電子放出断層撮影）はこの現象を利用したものである．

以上の結果からわかることは，原子核内部に非常に多くの中性子が存在すると，その集合体は不安定になるということだ．安定同位体，すなわち中性子の数が陽子の数と同じか，いくらか多い同位体は限られた数しか存在しない．たとえば，高エネルギー衝突において，あるいは超新星において，ある原子核が非常に多くの中性子で形成されているとしたら，その原子核はベータ崩壊という方法でより安定になろうとするだろう．ベータ崩壊では，中性子は陽子に変化し，その過程で電子（ベータ粒子）と中性微子を放出する．10^{57} を超える中性子の集合体が，重力下でがっちりと結合して中性子星を形成する．これについては第 6 章で述べることとする．

もし陽子と中性子の間の引力が同じなら，ベータ崩壊を起こして重陽子（陽子 1 つと中性子 1 つ）となる 2 つの中性子は，なぜ結合した状態ではないのか疑問に思うかもしれない．その答えは量子力学の効果にかかっている．要するにこうだ．引力の強さはほぼ等しい．ただしその強さは，構成要素のスピンの相対配向に左右される．量子力学の制約により，このような 2 つの中性子は，同じ方向に同時には回転できない．専門的な言い方をすれば，それらは結果としてスピンが0に結合しなければならないことになる．その結果，この組み合わせはほぼ結合しているが，完全に結合しているわけではないということになる．これについては，第7章のエキゾチック・ハロー原子核の項で詳しく述べることとする．

原子において，電子は殻とよばれる量子準位に配置している．同じことが原子核内部にある陽子と中性子にも生じる．原子核内部でこれらの核子は，同じような法則に従って配置している．原子では，殻が電子を2つもつとき，最も低いエネルギーの殻はいっぱいになる．原子核においては，原子核が中性子を2つと陽子を2つもつときいっぱいとなる．これにより，非常に安定した配置，つまりヘリウム原子核であるアルファ粒子の配置となる．すでに述べたとおり，放射性崩壊においてアルファ粒子が出現するのは，アルファ粒子が安定であるためだ．このことは，トリウムやウランのように重い元素に特に当てはまる．重い元素は，アルファ粒子のクラスターとして陽子や中性子を放出することによって，より軽く，より安定になろうとする．これについては第5章で述べることにする．

パイ中間子からクォークへ

電子を振動させると，荷電粒子をとりまく電場が乱されるので，電子は電磁放射線を放出する．陽子や中性子を叩くと，放射線が爆発的に放出される．この放射線はパイ中間子とよばれる粒子から成り立っている．核力場が乱されるとき，パイ中間子は放出される．撹乱が激しければ激しいほど，発生するパイ中間子の数は多くなる．

パイ中間子には正電荷のもの，負電荷のもの，電荷をもたないものがあり，それぞれπ^+，π^-，π^0と表記する．パイ中間子の質量は，陽子や中性子の質量の約15%である．これを，原子核物理学で従来使われる単位で表記すると，約140 MeVとなる．

量子論では，力は粒子の交換によって伝わる．強い核力模型において，強い核力は，原子核内部にある中性子と陽子の間で作用するとき，パイ中間子によって伝搬される．量子論の不確定性原理により，このような粒子は，全時間がプランク定数hで定められる量よりも短く制限されている間，エネルギーの消費を伴わないでしばし存続することができる．

$$\Delta T \leq \frac{h}{4\pi\Delta E}$$

ΔTはエネルギー量ΔEが，いわば，「口座からの借越し」のときに与えられた時間である．

このように光子は質量をもたず，極端にいってしまえば，エネルギーを運ばない，つまりエネルギーを借りる必要がない．すなわち$\Delta E = 0$，したがって$\Delta T = \infty$であるから，電磁力が及ぶ範囲は無限大となりうる．しかしながら，自由なパイ中間子は質量があるため，少なくとも140 MeVのエネルギーをもつ．原子核内部でパイ中間子1つが核子2つの間で交換されると，このパイ中間子はエネルギーを消費することなくひょいと現れる．したがってパイ中間子は140 MeVを借りる必要がある．これは，量子論の不確定性原理により約10^{-23}秒に制限される．この時間では，10^{-15} m（1フェムトメートル）ほどしか進めない．そのため作用範囲は制限される．結果として生じる強い力が影響する範囲が狭いのはこのためだ．

パイ中間子の存在は，1935年に，その重要な役割に目をつけた日本人理論物理学者の湯川秀樹により予言された．最終的に発見されたのは，1947年，宇宙線の中からであった．一次宇宙線は陽子や種々の原子核とからなっている．この一次宇宙線と上層大気圏内にある原子とが衝突することにより，パイ中間子は発生した．その痕跡が写真乳剤（感光乳剤）に検出されたのである．

パイ中間子は強い核力を伝搬するものとして提唱され，今日でもこの理論モデルは核力の仮想モデルに用いられているが，パイ中間子は，ベータ崩壊などで生じる弱い力を伝搬する電磁気の光子，Wボゾン，Zボソンのように，核力を伝搬するその他の粒子と一緒には分類されない．パイ中間子は今日では素粒子ではなく，クォークからなる合成物であるということがわかっているからだ．このことは陽子や中性子についても当てはまる．ラザフォードは低いエネルギーのアルファ粒子を散乱させることにより，原子の中心にある原子核の存在を発見した．そして，1960年代から1970年代にかけて，高エネルギー電子ビームを散乱させて陽子と中性子がもつ構造の詳細を明らかにした．つまり，強い相互作用を受けるすべての粒子はクォークからなっているということが明らかとなった．

カラーの力と量子色力学（QCD）

核子を構成するクォークには，アップ型（u）とダウン型（d）の2つのフレーバーがある．それぞれの電荷は陽子の電荷に対して＋2/3と－1/3である．udd は陽子を構成し，ddu は中性子を構成する．電荷のほかにクォークは，別形態であるカラーとよばれるものをもっている．これは強い核力の根源である．電荷は正もしくは負の数量として発生するが，カラーには3色がある．この3色は，色の類推により赤，緑，青とよばれているが，単に名称であって深い意味はない．

カラーと電荷は，三色化というのは別として，非常に似た法則に従う．たとえば，電荷の性質と同じようにカラーは同じ色同士では反発するが，違う色の間では引きあう（専門的な言い方をすれば，反対称化される量子状態のように）．このように，異なる色をもつクォークが互いに引きあうときに陽子あるいは中性子が形成される．原子内部で正電荷と負電荷が中性になるのと同じように，このような構成において，カラーは中性となる．原子が原子内部の電荷を帯びた構成要素から分子をつくるように，中性子と陽子は核子中の色の構成要素により原子核をつくる．このようにして原子核を，「カラーによる分子」として捉えることができる．

色の相対論的量子論は，量子色力学（QCD）として知られている．QCD は量子電磁力学（QED）の考え方と似ている．QED では，電磁力は質量をもたない光子の交換によって伝搬される．これを類推すれば，QCD では，原子核内部でのクォーク間の力は質量をもたないグルーオンの交換により生じる．このような一風変わった粒子は，QCD 理論で必要とされるのみならず，その存在は実験に基づき証明されている．

QCD の注目すべき意義の 1 つとして，クォーク間の相互作用と核子間の相互作用が異なる距離で反応する方法が挙げられ，これは実験に基づき証明されている．2 つのクォーク間における相互作用は，互いの距離が 10^{-16} m 未満だと比較的弱いが，10^{-15} m 以上離れているとその作用は非常に強くなる．このような環境下では，位置エネルギーは数百 MeV を超える．このような場合に，新しいクォークと反クォークが力場で物質化する．その結果，同じカラーだが反対の符号（粒子は正電荷を，反粒子は負電荷をもたらす）をもつクォークと反クォークは互いに引き寄せあってパイ中間子をつくりだす．したがって，現代の理論が意味するところは次のとおりである．核子間においてパイ中間子が交換するということは，より根本的な特性，つまり QCD で述べられているようなクォークの存在やカラー間の力が，原子核規模で明らかとなったということである．これは，クォークにより存在する強い核力の起源を説明するものであると同時に，パイ中間子の交換により発生し，原子核間の距離で作用する強い力を説明するのにも，実際上有用である．

原子核内のクォーク

核子からの高エネルギー電子ビームの散乱により，標的粒子の内部にクォークが存在するということがわかった．このデータから直ちにわかることは，クォークの運動量には拡がりあるということだ．量子論（量子論では，運動量の拡がりと位置の不確定性は相補関係にある）により，クォークの拡散はクォークの閉じ込めに関係していると思われる．すべてのデータは，クォークは実質上自由であるが，半径が約1フェムトメートルの核子の中に閉じ込められているということと一致する．このことは，自由な陽子あるいは重水素の重陽子のように，ゆるい結束の原子核内にある陽子と中性子にも当てはまる．しかしながら，鉄などのように重い原子核を標的に同様の実験が行われると，クォークは微妙ではあるが，かなり違った振る舞いをした．これはEMC効果として知られるようになった．EMCは1980年頃，最初にこの現象を発見したCERN（欧州原子核研究機構）の欧州ミュー粒子共同研究（European Muon Collaboration）にちなんで付けられた．

きわめて簡単にいえば，クォークは概して，単独の陽子や中性子の中よりも，重い原子核の中にあるほうが，平均してわずかに運動量が低いということがわかった．空間的観点からこのことは，個々のクォークは概して自由な核子の中よりも閉じ込められ方が少ないという考えと一致する．ミュー粒子（実際には電子の重い類似体）ビーム，広範囲エネルギーにわたる電子ビーム，中性微子ビームを使って，この現象は30年にわたり研究されてきた．全体的な結論として，クォークは比較的高密度領域にあると原子核内で遊離しやすくなる．したがって，その効果は高密度原子核でいっそう顕著であるため，軽い原子核よりも重い原子核に対して著しいものとなる．

おそらくこれは完全に驚くべきことというわけではない．核子同士は原子核内でパイ中間子の交換により結合するため，クォークからなるこれらパイ中間子が高密度原子核の中で1つの核子から別の核子へとクォークを運ぶ．そのため，水素陽子の中にあるときのように1フェムトメートルの狭苦しい空間に閉じ込められているときよりも，クォークはずっと自由でいられる．これがこの現象にとって重要であるということに疑いはないが，このデータは，核子として認識される3つのグループが独立しているというよりはむしろ，6つのクォークが局在化しているかたまりの中に存在する可能性がわずかながらあるということをも示唆している．

このように原子核のミクロ構造を解釈すれば，原子核は単に強い力により結合した核子の集まりというだけのものではない，ということがわかる．高圧下もしくは高密度下で核子が結合するとき，それらの構成要素であるクォークは，いっそう自由に動く傾向にある．

クォークが自由でいるということは，カラーから解放されているということである．同じことがグルーオンでも起きるだろう．したがって，これは高温，高圧下の原子核内部で発生すると思われる前触れである．慣れ親しんだ電荷の世界と，通常と異なるカラーの世界との間に潜在する別の類似性がここにある．たとえば，原子は太陽の中のように，高温，高圧下では生きながらえることはできないし，原子の荷電構成要素である電子や陽子は，電荷を帯びた気体のように独立して動き回る．このような状態はプラズマとして知られている．同じように，より過酷な条件下では，カラーを帯びたクォークは個々の中性子や陽子の構成要素とはなりえない．その代わり，クォークとグルーオンはクォーク・グルーオン・プラズマ（QGP）として，自由に動き回ると理論づけられている．

クォーク・グルーオン・プラズマ

最初にクォークとグルーオンは，ビッグバンの熱エネルギーから生まれた．今日のような低温宇宙では，これらの素粒子は陽子と中性子の中に閉じ込められているが，クォークとグルーオンは，誕生したときの温度と圧力において，陽子や中性子と同一とみなせるクラスターの中で互いにくっついていたというわけではない．代わりにそれらは，クォーク・グルーオン・プラズマ（QGP）として知られている，高密度エネルギーの「スープ」の中に存在していた．ビッグバンにおける物質の形成の理論的理解では，QGPとは，それが陽子，中性子，パイ中間子のような粒子の中に入って「凝固する」直前の，ビッグバン後の100万分の1秒の間における物質の原初状態のことである，という仮説が成り立つ．

今日の実験では，これらの状態を模倣するために，金や鉛などの重原子核を高エネルギーで互いに激突させている．1990年代にCERNで重原子核ビームが静止している標的重元素に照射された．2000年，米国のブルックヘブン国立研究所の相対論的重イオン衝突型加速器（RHIC）により，相互に反対に回転する重原子核ビームを初めて使った衝突実験が行われた．電子や陽子のようなより単純な粒子と同じように，ビーム衝突装置の大きな利点は，粒子を加速して得られる全エネルギーを衝突に利用できるという点だ．2009年以来，CERNは，各原子核がもつ数百個の陽子と中性子をそれぞれ1 TeV以上のエネルギーで互いに衝突させる大型ハドロン衝突型加速器（LHC）を使って実験を行ってきたが，世界で最高のエネルギーを使い続けた．このような実験では，陽子と中性子は地球上の「冷たい」核の中よりも50倍高い密度で，クォークとグルーオンの火の玉をつくりながら互いを押しつぶしあう．

宇宙発生後，1兆分の1秒未満であったときに宇宙で標準であったような極端なエネルギーで，原子核は溶解する．言い換えれば，クォークとグルーオンは，中性子や陽子の中で凝固したままでいるというよりは，衝突領域の到るところで動き回る．LHCを用いた重原子核同士の衝突実験でQGPは当たり前のように生成されているので，実験者はその性質を詳しく研究できるだろう．

QGP を生成するのと事実を立証するのは，全く別の話である．QGP は衝突で高温になっている中心部深くで生成されるが，測定器は比較的離れた冷たい外にある．QGP からいくらかの破片が飛び出すときまでに，その構成要素であるクォークとグルーオンはすでに結合して，陽子，中性子，パイ中間子などの従来型の粒子を形成している．そのため，QGP の化石のようなこれらの粒子が生成される方法の例外を見つけなければならない．それによって，QGP が形成されたことを証明する必要がある．

さまざまな証拠が示唆されてきた．決定的な証明についてはまだ議論の余地があるが，QGP がつくりだされたという証拠は理論と一致する．たとえば，アップクォークやダウンクォークがストレンジクォークに取って代わられると，ストレンジ粒子が発生する．ストレンジクォークは，アップクォークやダウンクォークよりも，少なくとも 100 MeV 以上のエネルギーをもっているので，アップクォークやダウンクォークよりも重い．よって，ストレンジクォークが従来の衝突で現れる可能性はごくわずかである．これは，十数年にわたる実験データと一致する．しかしながら，QGP の高熱下ではこの不利な条件は当てはまらない．というのはストレンジ粒子は通常の線源からよりも，QGP からのほうが比較的多く発生するためである．これが経験的に事実であるといういくつかの手がかりがあるが，この現象には他の説明があり，その解釈は複雑である．

QGP が形成された可能性を示すもう一つの証拠が，ジェット（その噴出現象）から得られる．個々の陽子が正面衝突すると，2 つの陽子ビーム中のクォークもしくはグルーオンは互いに激突して跳ね返る．それらのエネルギーは，パイ中間子，陽子，ストレンジ粒子などの粒子からなるジェットの中に現れる．陽子の衝突実験では，そのジェットの性質，たとえば，空間での分布，平均エネルギー，粒子の構成などが，数十年にわたり研究されており，量子色力学の基礎をなす理論と一致する．このように，重原子核を衝突させたときのジェットを観察して，個々の核子を衝突させた場合と比べて細部にかなりの相違点があるということを発見することにより，QGP が形成されていたという手がかりが得られる．

重原子核間における衝突から得られるデータから，いくつかの事例において，あるジェットは弱まるかもしれないし，あるいは完全に消滅するかもしれない，ということがわかる．QGP が形成されれば，これは予想される．なぜなら，このような場合，ジェットは熱い火の玉の中を飛行する間にエネルギーをいくらか消失するからだ．何百万もの実例を研究することにより，ジェットはどのようにしてエネルギーを失ったか，噴出物はどの方向から現れたのか，ジェットにはどんな粒子が含まれているのか，などに関する情報が蓄積されていく．低エネルギーによる陽子同士の衝突，あるいは軽い原子核同士の衝突，もしくは重い原子核同士の衝突によって発生したジェットの性質に対する上述のような変化を比較することにより，火の玉がどのようなものから構成されているのか，いずれは解明することができるであろう．このような実験は，2015 年以降，大型ハドロン衝突型加速器（LHC）を用いて，これまで以上に高いエネルギーで行われるだろう．その実験結果と RHIC の実験結果とを比べることにより，数年以内に，クォーク・グルーオン・プラズマの性質は明らかになるだろう．

第4章

奇数，偶数，殻

元素の存在量

すべての核種は，中性子と陽子の数が異なるにすぎないとはいえ，その存在量は種々さまざまだ．酸素，カルシウム，ケイ素などはよく知られた元素であるが，ルテニウム，ホルミウム，ロジウムなどのように聞いたことがないような元素もたくさんある．

おおざっぱにいってしまえば，真っ先に思い浮かべるものが最もありふれた元素であり，聞いたこともないようものは最も稀な元素である．酸素と炭素の名前は誰の辞書にもある．これらを地殻中の量が1グラムにも満たないアスタチンやフランシウムと比べてみてほしい．

さまざまな元素の相対的な存在量とは，ほとんどの人が一致すると思われるものである．しかしながら，種々の同位体の存在量は共通の知識からは程遠い．同位体はすべて陽子と中性子だけで構成されており，単に構成要素の数によって異なるにすぎないけれども，それぞれの核種においては奇数よりも偶数のほうが著しく多い．このことは3つの異なる現れ方からわかる．まず，核子Aの総数が奇数であるより，偶数となる原子核のほうが多く存在する．これを比較すると153対101である．さらに劇的なことは，Aが偶数組である153の同位体は，いかにして割り当てられたかである．Z, Nをそれぞれ，陽子と中性子の数とすると，$A = Z + N$となる．もしAが偶数なら，Z, Nは共に偶数，あるいは共に奇数である．このような「偶数—偶数」の組み合わせ，「奇数—奇数」の組み合わせをそれぞれ，「ee」，「oo」とよぶ．具体的な数をみてみよう．Aが偶数である153の同位体の内訳は，「偶数—偶数」の組み合わせが148，「奇数—奇数」の組み合わせはたった5つだ．単なる偶然にしてはあまりにも不釣り合いである．これは，原子核構造を定める法則の根本的性質を解き明かす手掛かりなのである．

魔法数（マジックナンバー）と殻

第2章で，原子における電子のエネルギー状態に類似した，原子核における核子のエネルギー状態を，量子力学がどのように制約しているかについて学んだ．量子法則はまた，エネルギーの梯子の決められた段を占める構成要素の数を制限している．たとえば，原子内で最も低いエネルギーの段は，最大2個の電子を収容できる．したがって，3つ以上の電子をもつ原子は，より高いエネルギーの段に超過分をもたざるを得ない．したがって，2つの電子をもつヘリウム原子では，一番低い段（殻）はいっぱいである．ヘリウムが化学的に安定している，あるいは不活性であるというのはそのためだ．

核子に対しても，最も低い殻は，最大で陽子2つと中性子2つ，つまり合計で最大4つを収容できるという点を除いて，同じ法則が当てはまる．したがって，水素には中性子が1つ（重水素）の，あるいは中性子が2つ（三重水素）の同位体があるが，中性子が3つ（四重水素）の同位体は天然には存在しない．四重水素をつくるのに必要な3番目の中性子は，よりエネルギーの高い段に押し込められる．その結果として生じる同位体は非常に不安定となる．この不安定同位体は中性子を放出して，三重水素を残すことにより，直ちに（わずか10^{-22}秒の半減期で）崩壊する．水素は，その同位体に特別な名前が付けられている唯一の元素である．

2つの陽子は，原理上は単独で存在できそうだが，陽子間における電気斥力がこれを打ち消す．しかしながら，中性子を1つ加えると，追加された強い引力により安定した系は同位体のヘリウム3を生じる．合計で陽子が2つ，中性子が2つになるよう，中性子をもう1つ加えると，今度は一番エネルギーの低い殻がいっぱいになる．その結果，非常に安定したアルファ粒子，ヘリウム4の原子核が生成される．ヘリウム4に中性子をもっと追加すると，不安定な核種が生成される．しかしながら，これら不安定な核種は，中心にある原子核から離れたところに中性子2つ以上からなるハロー（ハローとは太陽や月の周囲にできる光の輪のことをいう）をつくるという，奇妙な性質をもつ．このようなハロー核は，中性子と陽子とからなる風変わりなかたまりの例である．ハロー核については，第7章で述べることにする．

殻が中性子あるいは陽子で満たされている同位体は，とりわけ安定している．連続する殻のそれぞれに入る数を定める量子法則は複雑である．一言でいえば，説明するまでもなく，個々の殻は同一粒子の奇数を2倍にした数をもっている．2，6，10のように次々と（奇数は次のようになる．プランク定数の単位で，粒子がそれぞれの殻でもっている回転すなわち角運動量を2倍にしてそれに1を足して，さらにそれを2倍にする．角運動量が0のときは合計で2つ，1のときは6つ，など…）．さまざまな数値をとる殻の順番は，どのように核子同士が作用しあっているかによって，とりわけ，空間的位置における位置エネルギーによって決まる．水素の電子では，この順番は距離の逆数，つまりクーロン・ポテンシャルとして変化する．数値の順番は予想可能であり，元素周期表のパターンによって説明されている．しかしながら，原子核の核子では，その順番はより複雑であり，殻（図4）の観測パターンから，経験的に導き出されなくてはならない．

定性的に，角運動量が小さいため収容数が少ない殻が最初に現れ，その後，より収容数の多い殻が現れる．したがっ

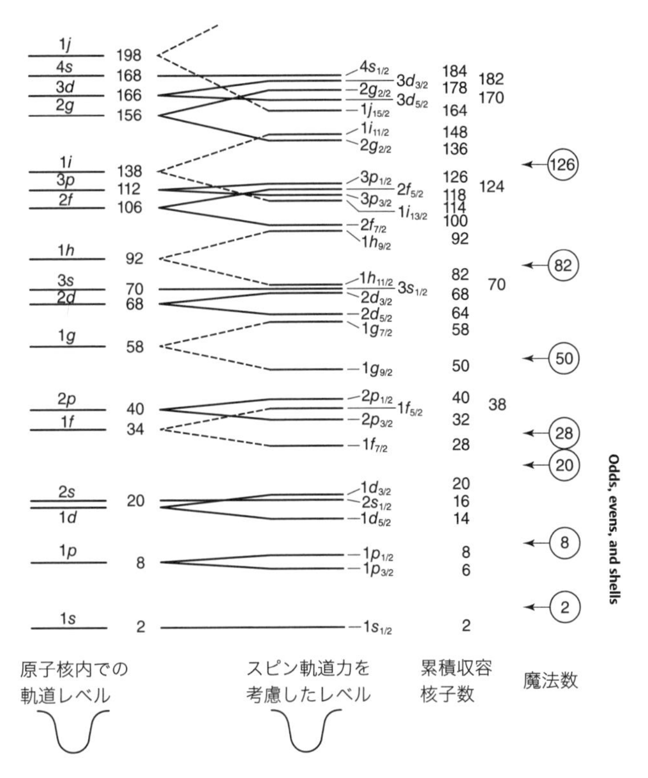

図 4　殻模型．さまざまな状況における単一粒子に対する，エネルギー準位の順番と各エネルギー準位における配置可能な数．左側の結果は，核ポテンシャルにおける値，ただし，スピン効果は配慮していない．一方，右側の結果は，スピンおよび回転（軌道）角運動量の作用を配慮した場合の値．「魔法数」があると，その上のギャップが大きくなる（上図のように 2，8，20 など）

て，すでに述べたとおり，最初の殻は2つ収容し，それにより「二重魔法数」となる．二重魔法数においてアルファ粒子は，陽子を2つと中性子を2つもつ．次の殻では6つが追加され，これにより計8つを収容する．この8は飛び抜けて安定性の高い「魔法数」といわれている．これは経験的に確認されている．というのは，二重魔法数である陽子8つと中性子8つは，地球上で最も多く存在する元素の同位体，酸素16（$^{16}_{8}O$）を生み出すからだ．さて次は酸素以上の元素で開いている殻だが，そこには2つの角運動量のユニットをもつ核子の最初の集まりが収容される．その核子は全部で陽子10個と中性子10個からなる．しかしながら，この殻も角運動量をもたない一対をもっているため，合計で12個の陽子あるいは中性子を収容することができる．これをすでに説明した8つの状態に加えると，合計で20個となる．

これはまた，二重魔法数の同位体，カルシウム40（$^{40}_{20}Ca$）で検証できる．天然に発生するカルシウムのうち97%がカルシウム40（$^{40}_{20}Ca$）である．カルシウムは地殻中5番目に多く存在する元素である．

殻のパターンは，エネルギーと構成要素の数により単純に上方へと続くが，状態密度が大きくなればなるほど魔法数の役割は小さくなる．核子の互いを引き寄せあうという性質は，殻内の配置だけでなく核子固有の回転によって決まるからだ．核子は回転することができ（プランクの量子単位では，核子のスピンは1/2である），量子論は，慣習的に時計回り，反時計回りとよばれる2つの向きのうちのいずれかに核子が置かれる，ということを示唆している．隣接する核子同士は，強化された引力，あるいは減少した引力を受ける．どちらの作用を受けるかは，核子のスピンが反対の方向であるのか，それとも同じ方向であるのか，あるいは，核子が属する量子殻自体が回転するのかどうか，もし回転するとしたら，その回転はおのおのの核子に対して同じ方向か，それとも反対の方向かなどによって決まる．総体的な効果を判定するには，量子台帳において，注意深い計量が必要である．20以上の陽子と中性子にとっては，その組み合わせにおける効果は，下層の殻をわかりにくくしており，より経験的な手法により，分け前（これについては本章の後半で述べている）が支払われるとだけ今は言っておこう．

それにもかかわらず，このようなごちゃ混ぜの状態においても，82，126のように比較的はっきりした魔法数は生き残る．この大きな値は，鉛の安定同位体に現れる．鉛の安定同位体，$^{208}_{82}Pb$は二重魔法数で，陽子82個と中性子126個が結合して構成要素が計208となる．鉛208は最も重い安定同位体である．ビスマス209は安定同位体としてしばしば挙げられており，実際そのように思われているが，10^{19}年程度の寿命であるため，本当のところは不安定同位体である．10^{19}年というのは宇宙の年齢の数十億倍も長い．

208以上の核子の組み合わせの中で，ウラン238は不安定同位体であるが，地殻中で生きながらえている．その半減期は約45億年であり，これは地球の年齢に匹敵する．また，トリウム232（$^{232}_{90}$Th）は半減期が140億年で，これは宇宙の年齢よりもわずかに長い．このトリウム232はアルファ粒子を放出しながら崩壊する．そして，崩壊する間に放射性ガスのラドン220を生成する．ウラン238とトリウム232はとても寿命が長いため，実際，人間の時間尺度では安定しているが，長期間の崩壊で，鉛の安定同位体になる途中にラジウムやラドン（第5章参照）のような寿命の短い放射性元素を発生する．

この魔法数の経験的な値は，核力の詳細な理論を構築する際の手引きとなる．さらには，これらの概念により，ウラン以上の同位体にとっての「(比較的）安定した島」につながる魔法数がさらに存在することが予測される．鉛において，魔法数126個の中性子が126個の陽子に対しても存在するかもしれないが，それはよりはるかにたくさんの中性子が同位体を安定させる手助けをするために存在する場合に限る．理論からは，184が魔法数になることが示唆され，その場合，ウンビヘキシウム，「1–2–6イウム（$^{184}_{126}$Ubh)」では，半減期が比較的長いものになるだろう．これについては第6章で述べることとする．

半経験的質量公式

原子核の質量は，単にその構成要素である核子の質量の合計というわけではない．$E = mc^2$ は質量とエネルギーを関連づけており，原子核を結びつけるのにいくらかのエネルギーが必要とされる．この「結合エネルギー」は原子核の質量とその構成要素の質量との差である．したがって，もし陽子，中性子，原子核のそれぞれが，質量 m_{p}，m_{n}，m_{A} をもっているなら，結合エネルギー B は，

$$B = (Zm_{\mathrm{p}} + Nm_{\mathrm{n}} - m_{\mathrm{A}})\,c^2$$

となる．この式で，Z，N は陽子と中性子の数である．

結合エネルギーが大きければ大きいほど，原子核が安定する傾向が高くなる．実際の安定性は，元素周期表で隣接する元素の結合エネルギー，あるいは元の原子核の同位体の結合エネルギーと比べた，原子核の結合エネルギーの大きさによって決まることが多い．自然は，エネルギーを最小限に抑えることにより安定を求めるという性質があるので，全質量を減少させたり，あるいは同じことだが，結合エネルギーを増大させたりする．その過程において原子核は，アルファ粒子クラスターを放出したり，ベータ崩壊をしたり，あるいはもっと極端な場合は，ウランの核分裂のように，2つに核分裂したりする．安定性へと導く有効値や放射性崩壊のパターンは，半経験的質量公式（SEMF：semi-empirical mass formula）によって与えられている．

図5は，核子ごとの結合エネルギーを核子Aの総数の関数として示している．この図は，結合エネルギーが4，12，20で最大となる，軽い原子核の殻構造を明らかにしている．これ以上になると，個々の殻（構造）は，質量数 A により

一様に依存するなかで失われる．$A \geq 20$ を例にとると，核子ごとの結合エネルギーB/A は A にほとんど依存しない．もっともこの傾向は明らかに修正がある．つまり核子 A ごとの結合エネルギーB/A は鉄のあたりで最高に達し，徐々に，より重い原子核で減少していく．

B/A が経験的に概ね定数であることにより，すぐに原子核の描像が得られる．核子は密に詰まっており，核子間の相互作用が及ぶ範囲は狭い．なぜそうであるかを理解するために，自分が群衆に囲まれた核子になったつもりを想像してみよう．あなたが一番近いお隣とだけ付き合っていると，群衆がどれだけ大きいのかはどうでもよいのだ．このように，あ

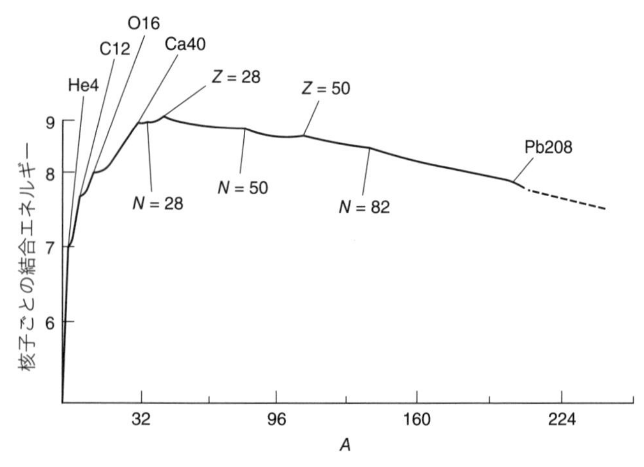

図 5　質量数 A を関数とした最も安定した同位体の核子ごとの結合エネルギー．破線は，鉛より重い原子核はすべて不安定であることを示す．

なた方の相互作用の量，つまり核子ごとの結合エネルギーは，A には依存していない．

これは，原子核内の核子にとってはよいが，群れの端にある核子にとってはそうではない．内側にたった一人の隣人しかいなく，外側に誰もいない場合，相互作用の機会はより少ない（図 6）．密に詰まった原子核の場合，A への依存度を次のように見積もることができる．

球体の場合，容積は半径の 3 乗 R^3 に比例して大きくなる一方，表面積は半径の 2 乗 R^2 に比例して大きくなる．したがって，核子 A が容積をいっぱいに満たしているなら，表面の割合は $A^{2/3}$ に比例する．核子が結合エネルギーを弱めてしまうので，計算によりそれらを減少さる必要がある．こ

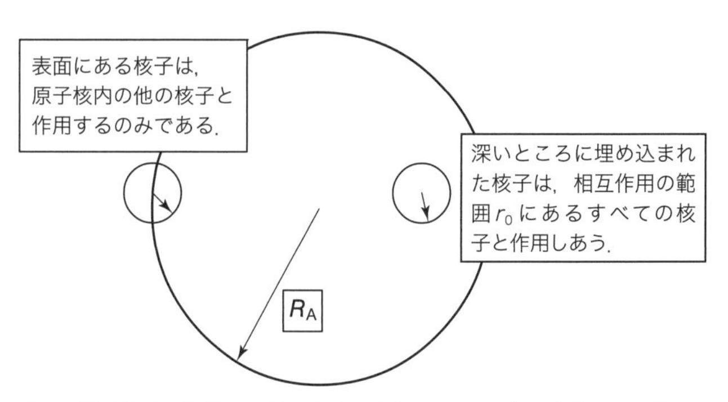

図 6　相互作用の範囲 r_0 の核子をもつ半径 R_A の原子核．中央にある核子は相互作用の範囲内にあるすべての核子と作用しあう．表面付近の核子は，原子核内にある核子とだけ作用する．表面にある核子の数は，原子核の表面積 $4\pi R_A{}^2$ に比例する．

こまでの質量公式は，次のように要約できる．

$$B = aA - bA^{2/3}$$

この式において，a，b は a：15 MeV，b：17 MeV のエネルギー量をもつ経験的定数である．

陽子を突く

ここまでの説明で一番抜けているのは，中性子と陽子の差異について，特に，陽子が互いに反発しあうということについてである．静電エネルギーは結合エネルギーを減少させる．直感的にいえば，陽子がありすぎると，原子核の安定性を損なう．

電気的効果は広範囲にわたる力であり，荷電粒子間の距離の2乗で機能しなくなる．力は距離によるエネルギーの変化であるので，静電エネルギーは $1/R$ として変化する．ぎっしり詰まった原子核の場合，これは $1/A^{1/3}$ に比例する．したがって，結合エネルギーから量 $dZ^2/A^{1/3}$（d はエネルギーの次元）を引く必要がある．正確にいうと，あなたは，あなた以外のすべての人と交流するだけなので，この分子は Z（$Z-1$）であるべきだが，Z が大きい場合，これは些細なことだ．この静電気の寄与は A が大きくなるほどより重要となる．A 自体が Z と共に大きくなるからだ．軽い原子核の場合，静電反発力が優位になるまで，結合エネルギーは A と共に大きくなる．よって，図6のような定性的な形状をみることができる．図6では，結合エネルギーはこの競争により，中くらいの A で最大になっている．これは次のように要約できる．

$$B = aA - bA^{2/3} - dZ^2 / A^{1/3}$$

d が 0.7 MeV という経験的な大きさは，原子核が電荷の均一な球体であるという模型から計算された大きさと一致する．このような経験的な成功は，原子核において，中性子と陽子が球状のかたまりにぎっしり詰め込まれているという描像を裏づけるのに一役買っている．

Z の値が大きいとき，原子核中に広がる静電荷は損失であり，その代償として，狭い範囲の引力に追加する中性子がさらに多く必要である．やがて $Z > 82$ になると，静電反発力が非常に大きくなるので，中性子をたくさんもっていたとしても，原子核は安定の状態を保てない．結合エネルギーは，$Z = 92$（$A = 238$：ウラン）と $Z = 90$（$A = 232$：トリウム）近辺で微妙にバランスを保っている．それによりウランとトリウムは安定し，今もなお地球で非常に多く存在する元素である．鉛より重い原子核はすべて放射性である．

放射能がどのようなものであるのかについて明確にするために，量子力学の 2 つの効果について考慮する必要がある．これにより SEMF を完結させ，アルファ崩壊とベータ崩壊の基準を明らかにしていこう．

量子ペア

大きい核子Aの殻は，たくさんある状態ではその存在を見失う．しかしながら，それを実証する物理学はベータ崩壊のパターンに現れる．その根本的な原則は，量子の排他性である．つまり，2つの同一核子は同じ量子状態を占有することはできないということだ．このことが同位体の質量にいかに影響を及ぼすかについて知るために，核子に対して利用可能なエネルギー準位が梯子の段のようであることを再び思い描いてみよう．梯子1つは陽子用，1つは中性子用である．

中性子あるいは陽子を加えるとき，エネルギーを最小限にするために，中性子や陽子は最も低くて空いている段，すなわち最もエネルギーの低い段に行く必要がある．与えられた数の核子において，核子の数が同じとき，すなわち，中性子と陽子が同数加えられたときに総エネルギーは最小となる．たとえば，おのおのが同じ数あって，そこにもう2つ加えるとしよう．もし1つが中性子で，1つが陽子であるなら，おのおのにつきもう1つ，つまり合計2つ，エネルギーの段が必要である．このように対にならない核子に対しては，その数に応じた補正が必要となる．詳細は省くが，その結果は次のような式で表される．

$$\frac{(N-Z)^2}{N+Z} \equiv \frac{(A-2Z)^2}{A}$$

この効果は静電エネルギーに匹敵する．後者はZ^2に比例し，このような原子核もまた，安定するために中性子を余分に必要とする．しかし，余剰分が多すぎると非対称な（$N-$

$Z)^2$ が不要なエネルギーを追加し始める．このように，選ばれた数の核子，すなわち固定した A にとって Z が非常に多いとき，静電気の効果によりエネルギーは不安定になる．そして，Z が非常に少なくても，中性子と陽子の数がとても非対称であるため，エネルギーは不安定となる．図 7 でこの状態を図解する．

自然界は核子の集まりを最小限のエネルギーに調整しようとする．したがって，Z が少ない同位体は，Z の値を増やすことにより安定した状態に向かう．これはベータ崩壊という形でなされる．

$$A(Z) \rightarrow A(Z+1) + e^- + \overline{\nu}$$

逆に，Z が多い同位体は，陽電子を放出して電荷を減少させる．

$$A(Z) \rightarrow A(Z-1) + e^+ + \nu$$

このような状態は，谷底に達するまで元素をまたいで絶え間なく続く．

以上のことは A が奇数の原子核についてである．A が偶数の原子核においては，計算が必要な最後の要素がある．それは，その原子核は奇数—奇数なのか，偶数—偶数なのか？

同一核子のペアは，スピンが反対方向に配向されている場合，強化な相互引力をもつ．したがって，奇数に比べて，偶数の陽子に対して余分な結合が生じる．というのは，奇数の場合，パートナーがいないほうの陽子は引き寄せるパートナーをもたないからだ．同じことが中性子にも当てはまる．ゆえに，図7にあるたった1つの谷間の代わりに今度は，形は似ているが，エネルギーはずれている2つの谷間をもつ．すなわち，偶数—偶数の状態は，奇数—奇数の状態に比べてさらに2つの引力をもつ．

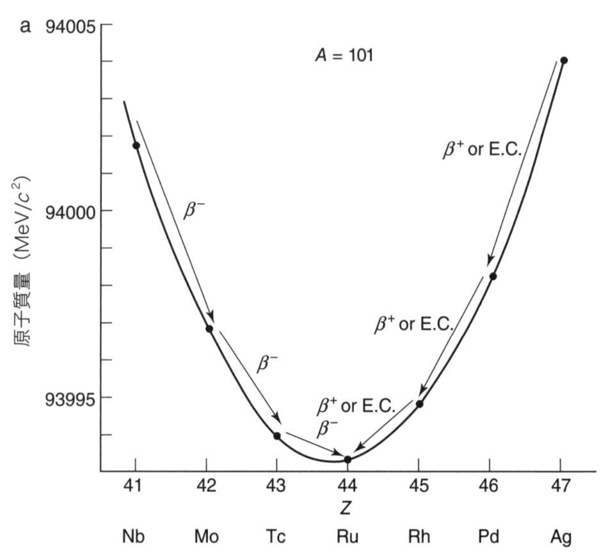

図 7a　ベータ崩壊と奇数および偶数原子核（A＝100 もしくは 101）の安定性．(a) 半経験的質量公式に従い，安定領域付近の Z の範囲において，A＝101 の同重体の原子質量（ポイントを通る直線は見やすいようにつけたものである）．負のベータ崩壊は Z を増やし，正のベータ崩壊もしくは電子捕獲（E.C.）は Z を減らす．奇数原子核 A＝101 中 Z=44 のルテニウムには安定した同重体が 1 つある．

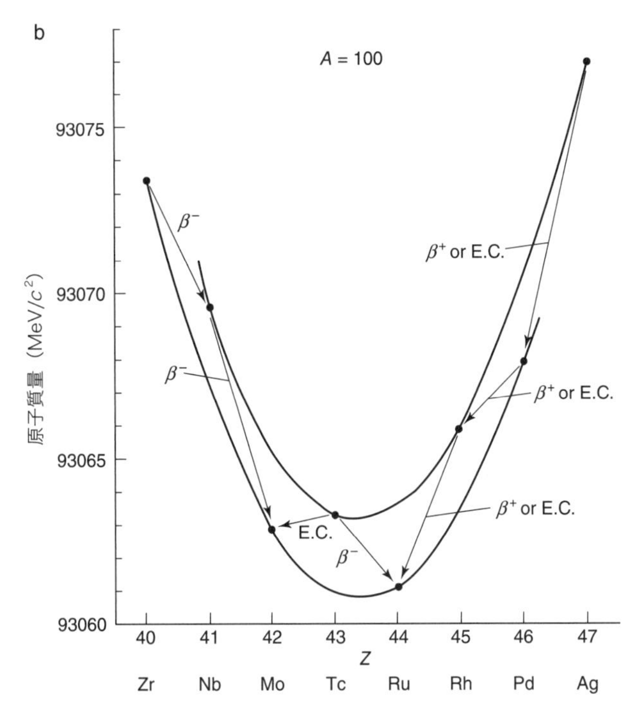

図 7b　半経験的質量公式に従い，安定領域付近の Z の範囲において，偶数値（$A=100$）である同重体の原子質量．偶数―偶数および奇数―奇数原子核が，異なる放物線上にみられる．この公式により，2つの安定原子核，モリブデンとルテニウムが存在することが予測される．

すでに述べたように，原子核はベータ崩壊により最小限に向かう．それぞれの崩壊において，単体陽子1つが中性子1つに取って代わられる．逆の場合もありえる．このように，奇数―奇数の構成は偶数―偶数の構成になり，その後また，奇数―奇数の構成となる．あるいは，一組におけるエネルギーが依然低い奇数―奇数の構成でも同様のことが起きる．エネルギーギャップは概して，ほんのわずかなMeVであるので，奇数―奇数の谷間では，偶数―偶数の安定した原子核につながる，さらなるベータ崩壊が起きる余地がまだある．

このように，奇数―奇数の原子核がなぜ珍しいのかがわかった．実際，それでもなんでともかく存在するのかと疑問が起こるかもしれない．奇数―奇数原子核の5つは，ほぼ軽い元素の同位体のみで，そこでは依然として殻構造が支配的なのである．したがって，重陽子 $^{2}_{1}$H は，奇数元素，$^{6}_{3}$Li，$^{10}_{5}$B，$^{14}_{7}$N に先立つ最初の安定同位体である．重元素としてはただ一つ，$^{180}_{73}$Ta がある．この元素が安定しているのは，そのスピン量と近隣元素のスピン量との差が大きいことに起因する．

アルファ崩壊

核子ごとの結合エネルギーは，A が60～100の間で最も大きくなる．したがって，重い原子核は，軽くてより安定した原子核へ変換しようとする．その過程で，重い原子核はアルファ粒子の形で中性子と陽子を放出する．

アルファ放出の過程は，量子力学と古典的な考え方との相互作用のパラダイムである．正電荷アルファ粒子は，いったん強力なしばりから逃れると，残りの原子核（これ自体非常に帯電している）の同じ電荷の斥力が，粒子を勢いよく放出する．これが20世紀初頭に，原子核プローブとして非常に有益であることが判明していた活動的なアルファ粒子の源である．しかし，アルファ粒子はまず親核子との強力な結合から逃れる必要がある．

シャモニー谷からイタリアにかけて，アルプス山脈を登山するというたとえを用いて説明しよう．アルファ粒子は最初は，谷間に閉じ込められている．古典的物理学は，向こう側の下り坂に達するためには，登頂を乗り越えるのに十分なエネルギーが供給されない限り，アルファ粒子は元の場所に留まる，つまり重い原子核内に閉じ込められているということを示唆する．しかしながら，量子力学により，アルファ粒子はトンネリングという方法で逃れることができる．それはまるで，モンブラントンネルを抜け出すかのようであるが，トンネリングをするのは，量子力学が制約するよりも短い時間で行われる場合に限る．これは量子論の不確定原理のもう1つの例なのだが，アルファ粒子は，短い時間Δtで，エネルギー量ΔE（古典的例においては，山を乗り越えるのに必要な量）を借りる．このことは，プランク定数の大きさに制約された積で表される．すなわち，$\Delta E \times \Delta t \leq h/4\pi$となる．

これがアルファ崩壊の最終結果である．核子A，中性子N，陽子Zをもつ重い原子核Xは，電荷を減少させてAを4つもつ原子核へと崩壊する．

$$ {}^{A}_{Z}\mathrm{X}(N) \rightarrow {}^{A-4}_{Z-2}\mathrm{X}(N-2) + \alpha $$

テクネチウム

テクネチウム元素は,「人工」を表すギリシャ語にちなんで名づけられた.この名前は若干の誤解を招くおそれがあるが,この元素は実際に間違いなく存在している.この元素は安定同位体を全くもたず,すべての同位体が放射性である元素の中では最も軽いものであり,地球上にはほとんど存在しない.したがって,この元素の大部分は,他の元素に中性子をぶつけるなどして,実験室でつくりだす必要がある.この点において,テクネチウムは自然というよりはむしろ,人工的なものである.なぜテクネチウムがそのようなものであるのかについては,その答えは部分的には,この元素が奇数の陽子をもっているということにある.奇数の陽子だと,1つは対になれないからだ.しかし,理由はそれだけではない.というのは,明らかにたくさんの安定「奇数」元素が存在するからだ.しかしながら,半経験的質量公式で $A = 97$ で $Z = 43$ という値が示唆するところは,テクネチウム97は,安定と不安定の境界線に非常に近いということである.つまり,テクネチウムの陽子と中性子の数は,期せずして安定した配位(構造)をもたない.たくさんの陽子と中性子の振舞いは,説明するには複雑であるが,半経験的質量公式を用いればうまく説明がつく.テクネチウムが不安定であるということは,あらかじめ予測したわけではないが,もし理論上不安定な元素の例を探すならば,テクネチウムはこの条件に合うだろう.

19世紀,ドミトリ・メンデレーエフは,彼の周期表の中の空欄に注目した．そして，この欠けている元素の性質をうまく予測した．それは金属元素で，モリブデンと隣り合わせで，かつマンガンの下に位置している．当時は，これについて突飛なことは何もないように思われた．その元素を発見するのに相次いで失敗してきたことが，ほとんど逆説というくらいに不思議だった．結局1936年に，その元素は，バークレーのサイクロトロンを使った実験で，使用中に放射性となっていたモリブデン箔の中から発見された．

重要なのは，モリブデンは中性子を用いて，放射線を当てられていたということである．今日，この方法によりテクネチウムはつくりだされている．モリブデンは鉱石中から発見され，その24％が$^{98}_{42}\mathrm{Mo}$である．中性子の曝射により，放射性で，ベータ崩壊により約66時間の半減期でテクネチウム99となる$^{99}\mathrm{Mo}$が生成される．

$$\mathrm{n} + {}^{98}_{42}\mathrm{Mo} \rightarrow {}^{99}_{42}\mathrm{Mo} \rightarrow {}^{99}_{43}\mathrm{Tc} + \mathrm{e}^{-} + \bar{\nu}$$

$^{99}\mathrm{Tc}$自体がベータ崩壊を起こすが，半減期は約20万年である．これには励起状態の同位体が存在し，$^{99m}\mathrm{Tc}$と名づけられ，半減期が6時間で，医療の診断法として利用されている．

地殻の中の微量のテクネチウムは，テクネチウム98である．420万年の半減期というのは人類の時間尺度としては長いが，地球の年齢を考えると，半減期の1000倍に相当する．したがって，40億年以上前の原始マグマに存在するテクネチウムのほんの一部，2^{1000}（10^{325}）分の1が生きながらえている．このような数値に比べて，地球全体に存在する全元素数は，10^{50} とほんのわずかである．したがって，元からテクネチウムはこの地球上には存在しなかったと，自信をもって断言できる．テクネチウムの痕跡は，他の自然現象，たとえば鉱石中のウランの自発核分裂や，宇宙線と大気圏中の原子と，あるいは地殻中のモリブデンとの衝突によって生み出される．地球上のテクネチウムの主要源はおそらく，原子炉からの放射性廃棄物だ．

宇宙全体としては，テクネチウムは，テクネチウム星として知られるいくつかの星で生成される．

第５章
原子核の形成と破壊

ビッグバンにおける原子核合成

　ここまでで，いかにして原子核が発見されたか，どのようにして原子核は静電反発力をものともせずにぴったりとくっついているのか，また原子核は，いっそう深いレベルの実体，つまり原子核の構成要素であるクォークとグルーオンをどのように特定するのかについて理解してきた．この章では，元素がどのように誕生したかについて学んでいこう．

　地球上に存在するごく最近（といってもこの50億年！という意味であるが）の大半の元素は，はるか昔に死んだ恒星の内部で形成された．そこでは，元素はすべて陽子から調理されたのである．陽子は宇宙誕生後の２秒間で合成され，その構成要素であるクォークや電子は，それよりももっと前に形成された．

約137億年前，ビッグバンの熱エネルギーは，$E = mc^2$により物質の粒子と反物質の粒子が釣り合うように変換された．原子核の根源は，最初は最も単純な構成要素であるクォークであった．どういうわけか，クォークと反クォークの均衡が崩れた（少なくとも，今日観測できる宇宙においては，物質が反物質に対して大量を占めている）．どうしてこのような事態になったのかはわからない．しかしながら，今日知られているように，クォークがどのようにして物質を合成したかについては，よく理解されている．

宇宙ははじめ非常に高温であったため，クォークとグルーオンはクォーク・グルーオン・プラズマの状態にあった．0.01秒後，宇宙は約1兆度の温度にまで冷えた．その際，これらの根本的な構成要素は合体し，原子核物質の根源である「凍った」核子群となった．

次のようなプロセスが生じた．

$$\mathrm{e} + \mathrm{p} \rightleftharpoons \mathrm{n} + \nu$$

この式の二重矢印は，このプロセスがどちらの方向からも生じるということを示している．

中性子は，結合している陽子と電子の和の質量よりも若干重いため，このプロセスの自然な方向は右から左である．つまり，$E = mc^2$により，中性子には，エネルギーを解放しながら全体の質量を軽くするという，生来の性質があるということだ．しかしながら，宇宙の温度があまりにも高かったため，電子と陽子はかなりの運動エネルギーをもつようになった．したがって，これらの全エネルギーは，中性子の質量（mc^2）に閉じ込められたエネルギーを超えた．その結果，このプロセスはもう一方向と同じくらい簡単に，左から右（電子と陽子が中性子と中性微子へと変わる）へと向かう．

引き続き宇宙が膨張して冷えたことにより，中性子が形成され続けることが困難となった．約1マイクロ秒後，この中性子形成という化学反応は，実際上凍結してしまった．残された反応は次のようになり，半減期は約10分であった．

$$\mathrm{n} \rightarrow \mathrm{p} + \mathrm{e} + \bar{\nu}$$

しかしながら，3分以内にほとんどの中性子が，ヘリウムなどの軽い元素の同位体をつくるために陽子に捕獲されていったので，このようなほんの一瞬の出来事において中性子は実際上安定していた．すでに中性微子はすべて自由であり，宇宙の最初の残骸となった．約10億個の中性微子があらゆる原子をやがてつくるために生成された．

数分後宇宙は，衝突して強い引力を受けるあらゆる中性子と陽子が一対として，つまり重陽子として，生きながらえることができるくらいにまで十分冷えた．重陽子内の中性子は安定している．重陽子の出現により中性子は安全となり，軽い元素の原子核が合成されるような基本的に安定な種核がその位置を得た．

この段階では，宇宙は全体として，今日太陽で起きているような一連のことが展開された．水素は，地球上では比較的存在量が少ないかもしれない（水などの分子に閉じ込められている場合を除いて）が，宇宙全体では最も多く存在する．ビッグバンの際，そして太陽の中心部の高熱下において，水素の陽子は，最終的にあらゆる原子核を形成する共通の種となった．はじめ重陽子に閉じ込められていた中性子と陽子は，ヘリウム核を形成した．これは，宇宙の初期段階において，すべての中性子が崩壊するか，安定同位体に閉じ込められるかするまで，もしくは膨張する宇宙にある粒子同士が非常に離れたところにあるため，もはや互いに作用しあえなくなるまで続いた．

まず，宇宙の初期段階におけるこのような過程について説明しよう．次に，恒星系と比較したいと思う．恒星には，とても似ている点があるが，細かいところでは異なる点もある．

軽い元素の合成

ひとたび陽子と重陽子が混ざり合うと，それらの間で衝突が起き，その結果 $^{3}_{2}$He が生成される．$^{2}_{2}$He は非常に不安定であるため，陽子 2 つから生成されることはないが，2 つの重陽子が結合する．このような場合にも $^{3}_{2}$He が生成されるが，これには，自由な中性子，あるいはその代わりとなる三重陽子（三重水素の核）や陽子の遊離を伴う．このような衝突により，$A = 3$ の同位体は形成される．言葉を使って説明するよりも，（元素を特定するために）核子と陽子の数を単に記録することによる計算法をみていったほうがよりわかりやすい．というのは，それらは基本的にかたまりの中で結合し，再配列するからだ．したがって，ここまでの話は（陽子単体は $^{1}_{1}\mathrm{H}$，重陽子は $^{2}_{1}\mathrm{H}$ と表記する），

$$^{1}_{1}\mathrm{H} + {}^{2}_{1}\mathrm{H} \quad \rightarrow \quad {}^{3}_{2}\mathrm{He} + \gamma$$

（この式は，エネルギー保存の法則により，γ で表記した光子が放出されることを示す．）そして，

$$^{2}_{1}\mathrm{H} + {}^{2}_{1}\mathrm{H} \quad \rightarrow \quad {}^{3}_{2}\mathrm{He} + {}^{1}_{0}\mathrm{n}$$

あるいは，

$$^{2}_{1}\mathrm{H} + {}^{2}_{1}\mathrm{H} \quad \rightarrow \quad {}^{3}_{1}\mathrm{H} + {}^{1}_{1}\mathrm{p}$$

これは，代わりに白と黒の円（図 8）を再配列させることにより，図解できる．

三重水素は不安定であるが，その 12 年という半減期は，このような原子的な同位体が形成された 3 分というほんの短い時代に比べたら，非常に長い．よって，ヘリウム 3 と三重水素は，陽子や重陽子と，そしてお互いに衝突して，わずかな量ではあるがリチウムやベリリウムを，そしておそらく微量のホウ素さえもつくりだすことができる．

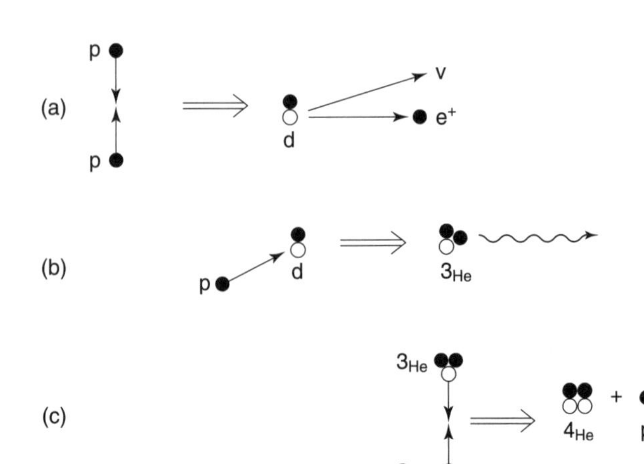

図８　恒星内元素合成．p で示される２つの陽子が結合して，陽電子（e^{+}）と中性微子とともに，重陽子（白い円で示した中性子１つと，黒い円で示した陽子１つとから構成されている）をつくりだすときの太陽における，陽子―陽子の連鎖反応．(b)，(c) はヘリウム４に至るさらなる段階を示す．

この次の段階は，$A = 4$ の合成で始まる．

重陽子(d)の衝突により，いくらかの ${}^{4}_{2}\mathrm{He}$ がすでに存在する．

$$\mathrm{d} + \mathrm{d} \rightarrow {}^{4}_{2}\mathrm{He} + \gamma$$

これに発生した三重水素と ${}^{3}_{2}\mathrm{He}$ を加えると，

$$\mathrm{t}\,({}^{3}_{1}\mathrm{H}) + \mathrm{d}\,({}^{2}_{1}\mathrm{H}) \rightarrow {}^{4}_{2}\mathrm{He} + \mathrm{n}$$

$${}^{3}_{2}\mathrm{He} + \mathrm{d} \rightarrow {}^{4}_{2}\mathrm{He} + \mathrm{p}$$

$A = 3$の2つの同位体の衝突でも$^{4}_{2}$Heは生成される．たとえば，

$$^{3}_{2}\mathrm{He} + ^{3}_{2}\mathrm{He} \rightarrow ^{4}_{2}\mathrm{He} + \mathrm{p} + \mathrm{p}$$

次に軽い元素，リチウムやベリリウムの核も形成される．しかしながら，これらの元素は，より軽い核種が現れた後にのみ形成されるため，その量は比較的少ない．さらに，これらのより重い同位体は，ヘリウム4のプールに加わる破片である陽子や中性子との衝突で壊される．たとえば，

$$\mathrm{t}\,(^{3}_{1}\mathrm{H}) + ^{4}_{2}\mathrm{He} \rightarrow ^{7}_{3}\mathrm{Li} + \gamma$$

この反応で，リチウム7が形成されるが，これは陽子との衝突，たとえば，再びヘリウム4を生成するような衝突による破壊を免れていさえすればということになる．

$$^{7}_{3}\mathrm{Li} + \mathrm{p} \rightarrow ^{4}_{2}\mathrm{He} + ^{4}_{2}\mathrm{He}$$

ベリリウムの形成も同様である．三重水素の代わりにヘリウム3をみていこう．ヘリウム3では，リチウム7の代わりにベリリウム7が得られる．

$$^{3}_{2}\mathrm{He} + ^{4}_{2}\mathrm{He} \rightarrow ^{7}_{4}\mathrm{Be} + \gamma$$

中性子との衝突でも同様の傾向が生じ，ベリリウム7はヘリウム4に変換する．

$$^{7}_{4}\mathrm{Be} + \mathrm{n} \rightarrow ^{4}_{2}\mathrm{He} + ^{4}_{2}\mathrm{He}$$

ビッグバン後の3分で，宇宙の物質はおもに次のような構

成となっている．陽子75%，ヘリウム核24%，わずかな量の重陽子，ごく微量のリチウム，ベリリウム，ホウ素，そして自由電子である．

水素に対するヘリウムの相対的存在量は，宇宙の膨張率によって決まる．この膨張を決定する物理学の原則は，容器の中の気体の振舞いを制御する原則にどこか似ている．膨張率は圧力によって決まり，圧力は気体の温度や気体量（密度）における中性微子の数によって決まる．これは結局膨張率は，軽い中性微子の数によって決まるということになる．もし，中性微子が3種類であるならば，観測された量は予測と一致する．軽い中性微子は確かに3種類であることが，素粒子物理学の実験により直接的に証明されている．それにより，ビッグバン理論における元素合成についての宇宙論的記述を確証しているのである．

重水素の存在量は，宇宙にある「普通の」物質の密度によって決まる（ここでいう普通とは，暗黒物質のようなエキゾチック物質に対してでなく，中性子と陽子で構成されているという意味である）．経験的データと一致する数からわかることは，普通の物質の密度は，宇宙における総量よりも大幅に低いということだ．このことは暗黒物質の謎の一部である．つまり宇宙には，輝かないけれども，その重力が恒星や銀河を強く引っ張ることによって感知される物質があるということだ．この物質のほとんどが，いまだその正体が解明されていないエキゾチック物質からなる．

ビッグバンから30万年後に，大気の温度が1万度以下になった．この1万度というのは，今日の太陽の外側領域と同じか，それよりも低い温度である．負電荷の電子は，正電荷の原子核に対する電気的引力により，ついにしっかりと捕まえられ，電子と原子核は結合して，中性の原子をつくりだした．電磁放射は自由であり，宇宙は光が邪魔されることなく空間を自由にさまよい，透明になった．

しかしながら，ビッグバンでは，炭素のように生命に必要な元素はつくりだされなかった．炭素はホウ素の次に軽い元素であるが，その合成は，宇宙の初期段階において対処不可能な障害があった．

アルファ粒子は非常に安定しているため，より軽い同位体のあらゆる組み合わせにおける衝突により，炭素が生成されるのを阻む．理論の経路において，1対のアルファ粒子からなるベリリウム8が形成され，続いて3番目のアルファ粒子を吸収する．

$$^{4}_{2}\mathrm{He} + {}^{4}_{2}\mathrm{He}\,(+{}^{4}_{2}\mathrm{He}) \rightarrow {}^{8}_{4}\mathrm{Be}\,(+{}^{4}_{2}\mathrm{He}) \rightarrow {}^{12}_{6}\mathrm{C}$$

しかしながら問題なのは，ベリリウム8は形成されるのとほぼ同時に，1対のアルファ粒子へと崩壊してしまうということだ．炭素をつくりだすには，ベリリウム8の寿命よりも短い時間で，実際には同時に，衝突する3つのアルファ粒子が必要となる．

ビッグバン後に拡散した大気中で，3つのアルファ粒子が同時に融合する機会は実際にはなかった．したがって，ビッグバン原子核合成において，炭素やより重い同位体は全く形成されなかった．それらの合成には，恒星の出現が必要である．しかしながら，高温高密度の恒星内部で，この障害は乗り越えられる．3つのアルファ粒子は衝突し，融合して炭素12をつくりだす．そして，融合した炭素から，重い元素の同位体を合成する方法が明らかとなる．それにより，恒星内元素合成は生じる．

恒星内元素合成

ビッグバンの高温下で，クォークとグルーオンは，クォーク・グルーオン・プラズマの中で，それぞれ独立して群れをなして動いていた．それらは，比較的低温である太陽の中で陽子を形成するとはいえ，その温度は原子が生きながらえるには高すぎる．したがって太陽の中では，電子と陽子は電気のプラズマとして，独立して群れをなして動いている．今日，太陽に燃料を供給するのは，おもに陽子である．

陽子は互いにぶつかって，最終的にそのうちの4つがヘリウム4へと変換する，ビッグバンの例としてあげたものと類似する一連の原子核プロセスを開始する．

おもな違いは，三重水素は，ビッグバン原子核合成に要した短い時間では実際安定していたので，重要な役割を果たしたが，一方，太陽の長い時間尺度では不安定であるため，実質的な関連は制限されている．恒星内元素合成において，ヘリウム3は実際に，三重水素よりも重要である．

単体ヘリウム4の原子核に閉じ込められたエネルギーmc^2は，元の4つの陽子のエネルギーよりも少ないので，その余剰分は周囲に解放される．そのうちのいくらかのエネルギーが，この地球上に暖かさをもたらしている．ヘリウム4に至る3つのおもな段階は次のとおりである．

$$\mathrm{p} + \mathrm{p} \rightarrow \mathrm{d} + \mathrm{e}^+ + \nu$$

$$\mathrm{p} + \mathrm{d} \rightarrow {}^3_2\mathrm{He} + \gamma$$

$${}^3_2\mathrm{He} + {}^3_2\mathrm{He} \rightarrow {}^4_2\mathrm{He} + \mathrm{p} + \mathrm{p}$$

最初の段階が，太陽が燃焼するのに要する時間を決めている．まず，電荷が互いに反発しあうから，2つの陽子は，その反応が始まるのに十分なくらい接近する前にこの静電的障壁と闘わなければならない．1000万度という温度により，陽子はこのような障壁と闘うのに十分な運動エネルギーを得る．陽子2つの静電場での全エネルギーは，重陽子の全エネルギーを上回る．その結果，陽子のうちの1つが，陽電子を放出しながら中性子へと変わり，次にその中性子は安定性を高めながら別の陽子と結合する（第3章参照）．

このような太陽の融合サイクルの最初の段階で，反物質が生成される！ 陽電子は，プラズマ状態の電子と衝突するため，2つの光子を生成しながら，ほとんど即座に破壊される．この2つの光子は，他の電子によって散乱し，数千年後には結局，太陽の表面へと向かう．そのときまでに，それらのエネルギーは大幅に縮小され，もともと約500 keVのエネルギーの光子は1 eV未満に低下し，太陽光の一部をつくりだす手助けをする．このような跳ね返りに要する時間は数千年だ．一方，中性微子は，邪魔されずに中心部から流れ出て，数分以内に私たちのところまで到達する．地球上の中性微子の数とエネルギーの双方を検出することにより，太陽の融合は本書で概説した手順で進むということが，実験的に証明されている．

静電的障壁やベータ崩壊における陽電子の放出を制御する弱い力により，陽子—陽子の融合過程の第一段階は比較的起こる可能性が低い．太陽が誕生した後の50億年で，あらゆる陽子のおのおのがこの融合に加わる確率は50%であった．言い換えれば，これまでに太陽がその燃料の半分を使い尽くしてきたということだ．しかしながら，いったんこの最初の段階が始まると，事象は急速に進み出す．1つの重陽子と1つの陽子が^{3}Heをつくり，その後^{4}Heを形成するように，より重い同位体をつくりだす核子の配列変化はほぼ瞬時に行われる．太陽の（遅い）燃焼を制御するのは，最初の段階$p + p \rightarrow d\nu e^{+}$の遅さである．この遅い燃焼は，なぜ宇宙の発展が魔法的にというほど長い時間をかけて行われているのかを理解するのに重要である．

太陽は核融合のおかげで輝いている．もう50億年たてば，太陽にある水素はすべて消え去り，ヘリウムとなるだろう．一部のヘリウムはそれ自体すでに，ビッグバン原子核合成のところで説明したのと同じような段階を踏んで，陽子や他のヘリウム核と融合して，より重い元素の原子核をつくりだしている．前に述べたとおり，詳細な違いは，たった数分間しか続かなかったビッグバン原子核合成とは違って，太陽は10億年にわたり，ひっきりなしにこのような反応を起こすため，三重水素のような不安定同位体は，太陽の元素合成では何の役割も果たさないという点にある．

ベリリウムとホウ素の合成はベータ崩壊を伴い，その過程で放出される中性微子のエネルギーは，原始の陽子がヘリウムに変わる段階のエネルギーよりも高い．

太陽から放出された中性微子を検出し，それらのエネルギースペクトルを測定することで，この地球から最も近い恒星の内部を，量的に観察することができる．

このような高いエネルギーの中性微子は，ベリリウム7が形成されるときに生じる．その崩壊は次のとおりである．

$$^{3}_{2}\mathrm{He} + ^{4}_{2}\mathrm{He} \rightarrow ^{7}_{4}\mathrm{Be} + \gamma$$

続いて，

$$^{7}_{4}\mathrm{Be} + \mathrm{e}^{-} \rightarrow {}^{7}_{3}\mathrm{Li} + \nu$$

その後，リチウム7が陽子1つと結合して，ヘリウム4の原子核を2つ形成する．

$$^{7}_{3}\mathrm{Li} + \mathrm{p} \rightarrow 2\,{}^{4}_{2}\mathrm{He}$$

電気斥力がおのおのにつき1つの正電荷しかもたない2つの陽子の融合とは対照的に，リチウムには3つの電荷が存在する．したがって，融合の障壁はより大きいので，それを乗り越えるのに十分なエネルギーを供給するために，より高温の状態が必要である．

したがって，この過程は，温度が1000万から2300万度の範囲で起きる．もっと高い温度では，4つの正電荷をもつベリリウムは，陽子1つと融合して，ホウ素をつくる．そのホウ素は中性微子を放出しながら，再びベータ崩壊を起こしてさらに多くのヘリウム4へと変換する．

$$^{7}_{4}\mathrm{Be} + \mathrm{p} \rightarrow {}^{8}_{5}\mathrm{B} + \gamma$$

$$^{8}_{5}\mathrm{B} \rightarrow {}^{8}_{4}\mathrm{Be} + \mathrm{e}^{+} + v$$

$$^{8}_{4}\mathrm{Be} \rightarrow 2\,{}^{4}_{2}\mathrm{He}$$

このように，恒星内ではあらゆるものがヘリウム形成の供給源となるため，ホウ素とベリリウムの構成（図9で図解）は，より小さい原子核に戻る崩壊を引き起こす．その結果，恒星は最終的に陽子を使い果たし，主としてヘリウムから構成されることになる．

融合の原動力を維持するような陽子が全く残っていなくなると，恒星の中心部は崩壊し，温度は1億度を超える．このとき，生命体の出現にとって非常に重要な現象が起きる．温度と圧力が非常に高くなるため，ベリリウム8は，何組かのヘリウム4同位体へと崩壊するよりも早く形成されるのである．その際ベリリウム8には，ヘリウムにぶつかって，炭素を形成する機会ができる．

$$^{8}_{4}\mathrm{Be} + {}^{4}_{2}\mathrm{He} \rightarrow {}^{12}_{6}\mathrm{C} + \gamma$$

ついに炭素生成の壁が克服された．それでも，この反応は困難をきわめ，融合はまばらであるので，炭素が燃えてより重い同位体を形成するのに十分な炭素が存在するまでにはなお，相当な時間が必要とされる．ひとたびこの反応が起きると，いくらかの炭素12がヘリウムと融合して，酸素16を形成する．この酸素16は安定しており，エネルギーを解放する．

$$^{12}_{6}\mathrm{C} + {}^{4}_{2}\mathrm{He} \rightarrow {}^{16}_{8}\mathrm{O} + \gamma$$

このような反応すべてにおいて困難となることは，電気斥力の壁を克服することである．これは，電荷がより大きな値のZをもつ原子核にとって一段と厳しいため，炭素や酸素を伴うこのような反応は，温度が10億度を超えて初めて生じる．温度が太陽の中心部よりも1000倍熱くなるくらいに

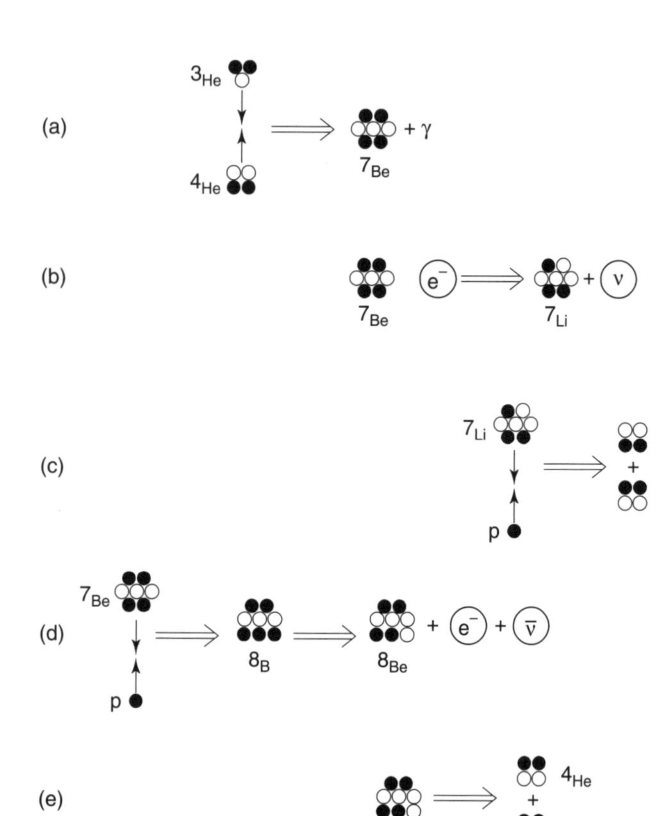

図9　ベリリウム，ホウ素，中性微子を経たヘリウム形成．図8における過程は，85%の確率で起きる．残りの15%のほぼすべてが，ヘリウム3とヘリウム4が結合したことにより生じ，単体のベリリウム7原子核と光子となる（a）．一連の反応はベリリウム8が二つのヘリウム4になる（e）に至るまで続く．陽子は黒い円で，中性子は白い円で示される．

まで上がったとき，炭素と酸素はヘリウムのアルファ粒子と，もしくは互いに十分反応して，より重い元素をつくりだす．

極端な例として，

$$^{16}_{8}\mathrm{O} + ^{16}_{8}\mathrm{O} \rightarrow ^{28}_{14}\mathrm{Si} + ^{4}_{2}\mathrm{He}$$

がある．

CNO サイクル（恒星内核反応）

1930 年代末までに，原子核は動的な構造，つまり，より安定した構造をつくりだすために，その構成要素として解放される大量のエネルギーの収納庫であるということが証明された．太陽エネルギーが核融合の結果生じるという可能性が示唆されたが，その詳細についてはよくわかっていなかった．今日では，私たちはすでに述べたように，4 つの陽子が燃焼してヘリウム 4 をつくりだすことを知っている．この過程において触媒は必要ないけれども，1939 年，ハンス・ベーテは，融合において炭素 12 がいくらか存在する限り，4 つの陽子がヘリウムに変換する別の方法を発見した．

それは，炭素 C，窒素 N，酸素 O にちなんで名づけられた，CNO サイクルとして知られている．一連の反応で生じるこのサイクルは，エネルギーを解放し，触媒として，陽子がヘリウム 4 に変換するのを促す．当初このサイクルは，恒星のエネルギーを生産するものと考えられていたが，今日では，太陽より高温の恒星にのみ生じるエネルギー源として認識されている．周期的な一連の反応は，$^{12}_{6}C$ が 1 つの陽子を取り込んで窒素に変わり，それにより，さらなる陽子とベータ崩壊が窒素を酸素に変え，その後再び炭素 12 となる．

サイクルは次のように開始する．

$$^{12}_{6}C + p \rightarrow {}^{13}_{7}N + \gamma$$

次に，2 つの段階を経て，$^{13}_{7}N$ は安定した $^{14}_{7}N$ に至る．つまり，β^+崩壊で $^{13}_{6}C$ になり，その後，別の陽子と融合する．したがって，

$$^{13}_{6}C + p \rightarrow {}^{14}_{7}N + \gamma$$

別の陽子との融合により，これが $^{15}_{8}O$ へと変わり，その後，陽電子崩壊により $^{15}_{7}N$ になる．4 番目と最後の陽子を吸収すると，サイクルは次のようになる．

$$p + {}^{15}_{7}N \rightarrow {}^{4}_{2}He + {}^{12}_{6}C$$

4 つの陽子が単体のヘリウム 4 に変換するとともに，サイクルは $^{12}_{6}C$ に戻る．このサイクルを図 10 で図解する．1 つの陽子が $Z = 6$ もしくは 7 の原子核に侵入するのを妨げる静電クーロンの壁を超えるには，太陽の 1500 万度よりもさらに高い温度が必要とされる．

超新星における元素合成

太陽より約 10 倍重い恒星は，前述のような道筋により，ケイ素を形成した後，それ自身の重力で崩壊する．この重力

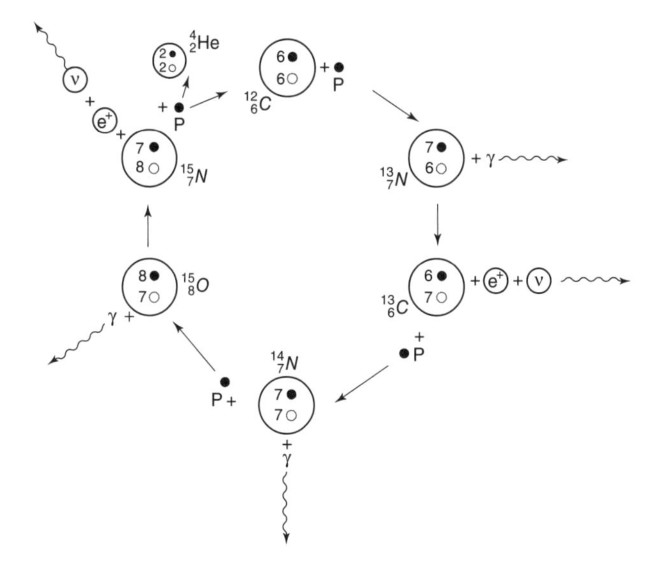

図 10　CNO（炭素 C，窒素 N，酸素 O）サイクル．下付き文字は陽子の数，上付き文字は核子の総数，γ は光子，ν は中性微子を示す．波線は，恒星からの光子や中性微子のエネルギーの放出を示す．

崩壊に続き，温度が 30 億度に達する．この 30 億度というのは，ケイ素がヘリウムとともに急速に燃焼するのに十分な温度である．一連のアルファ粒子増加により，1 日で鉄とニッケルまでの元素がつくりだされる．この一連の同位体形成は，次のとおりである．

$$^{28}_{14}\mathrm{Si} + ^{4}_{2}\mathrm{He} \rightarrow ^{32}_{16}\mathrm{S} \rightarrow ^{36}_{18}\mathrm{Ar} \rightarrow ^{40}_{20}\mathrm{Ca} \rightarrow ^{44}_{22}\mathrm{Ti} \rightarrow ^{48}_{24}\mathrm{Cr} \rightarrow ^{52}_{26}\mathrm{Fe} \rightarrow ^{56}_{28}\mathrm{Ni}$$

この過程の次の段階は，亜鉛 60 に至るところではあるが，亜鉛は鉄やニッケルよりも若干結合が緩いため，一連の過程は終了する．ニッケル56は半減期が約6日で，陽電子放出による崩壊を起こしてコバルトとなり，その後安定同位体の鉄56になる．

この段階までに，恒星は融合燃料を使い果たし，急速に崩壊する．電子と陽子が凝縮されて中性子となり，中性微子を解放し，恒星の中心核は中性子星をつくる．

$$e^- + p \rightarrow n + \nu$$

外層はII型の超新星爆発により放出される．これにより，中性子の密度が高い恒星の中心核の外で，中性子の突発が引き起こされる．数秒以内に，この中性子と多種多様な既存元素とが衝突することにより，鉄より重い元素がたくさん合成される．この急速な中性子捕獲の動的運動は，r過程（rは急速＜ rapid ＞を意味する）として知られており，地球上では実験室において，放射性ビーム線を使った実験により研究されてきた．これについては第6章で述べることとする．このような過程において，ウランとトリウムなどの最も重い準安定同位体までの核子からなる大きなかたまりが形成される．それらは爆発により宇宙に放出され，宇宙空間でいったん，宇宙線による核破砕によりさらに変換される．

超新星は，鉄より重い元素のただ一つの源というわけではない．これらの重い元素の約半分は，s過程（sはゆっくり＜ slow ＞を意味する）によりつくりだされている．この過程では，中性子の捕獲がゆっくり行われる．ここでの遅いという意味は，ベータ崩壊に要する時間に比べて遅いということである．もし，1つの中性子が捕獲されて，その結果生じた同位体に，別の中性子がぶつかる前にベータ崩壊をする時間があったら，それにより，原子核の電荷が増大し，何千年にわたって連続的に，ベータ崩壊に対して安定した重い元素の同位体が蓄積される．このメカニズムは赤色巨星，もしくは漸近巨星分枝において重要なことである．

宇宙線による核破砕

宇宙線は，高エネルギーの陽子，アルファ粒子，いくつかの重原子核，電子，および光子から構成されている．宇宙線が既存の物質に衝突すると，宇宙空間の奥深くあるいはその辺りで，ぶつけられた同位体から破片が放出される．この破片は核破砕として知られている．星間に存在する物質から削りとられたこの切れ端は，原子の重量を減少させる傾向にある．このような衝突により，ビッグバンで生成された元素に加えて，いくつかの軽い元素，おもにリチウム，ベリリウム，ホウ素が形成される．三重水素も核破砕により形成される．このような過程は，星間空間において今もなお続いている．このことから，ホウ素，ベリリウム，リチウムなどの軽い元素は，恒星内元素合成ではそれほど生成されないけれども，なぜ恒星の大気圏よりも星間空間でより多く存在するのかがわかる．

特に，核破砕により中性子，陽子，アルファ粒子がそれぞれ解放され，それらは後に他のかたまりに取り込まれ新しい同位体を形成する．核破砕は大気圏や地殻に存在するいくつかの放射性同位体の源である．一つの有名な例として，炭素14の形成がある．炭素14は有機物の放射性炭素年代測定法にとってきわめて重要なものである．この測定法は次のようにして編み出された．大気圏における宇宙線の衝突により，中性子が解放される．大気にはたくさんの窒素が存在し，中性子がぶつかると炭素14が生成される．

$$n + {}^{14}_{7}N \rightarrow {}^{14}_{6}C + p$$

炭素12は安定しているが，炭素14の半減期は5730年である．これらの同位体は双方とも，大気中の酸素と結合して二酸化炭素を生成する．植物は，生きている間は二酸化炭素を吸収するが，枯れた後，崩壊する炭素14を再び補給する術はない．一方，炭素12は無傷のまま留まる．このように，死んだ物質の炭素12に対する炭素14の割合は減少するので，試料中の炭素12とその他の元素に対する炭素14の相対存在量を測定することにより，最後に二酸化炭素を摂取したときから経過した時間，実際には，その年齢を測定することができる．

地球上の元素と恒星の年齢

地球の年齢を測定するのに原子核の放射能を使用するということは，元素合成ではなく，以前に合成された同位体が，地球の年齢を測定する天然の時計をいかに提供するかということの一例である．これまでに，炭素12に対する炭素14の崩壊の一例をみてきた．この炭素14の崩壊により，死んだ生体組織の年齢を測定することができる．今度は，生まれたばかりの地球の岩石に閉じ込められて以来ずっと，ゆっくり崩壊し続けた寿命の長い同位体に目を向けてみよう．

一般的な方法は，鉛の種々の安定同位体，鉛206，207，208もしくは204の比率を測定することである．これらの同位体は，ウランやトリウムの放射性崩壊でつくりだされた安定最終生成物である．とくに，半減期が44.7億年のウラン238は鉛206に，半減期が約7億年のウラン235は鉛207になる．この考えを定性的に考察するのはやさしい．太古の岩石がつくられたとき，ウランと鉛の量は同じであったと仮定しよう．放射性同位体のウランはやがて消え去り，それに応じて，安定同位体の鉛は長い時間をかけて増加する．ウラン238と鉛207の最初の比率と比べて，現在の比率を測定することにより，ウランの放射性崩壊の時計が，どれだけ時を刻んできたのかを知ることができる．

もし，実際これが，鉛とウランの最初の比率が同じだったという事例であるなら結構なことだ．実際には，この未知のものを回避するために，第2の比較をしなければならない．これは，ウラン238の崩壊によってできた最終生成物である鉛206に対する同様の測定方法にもかかわることである．元素を岩石の細かい粒のように分離する化学的方法で，同位体を分離することはできない．したがって，種々のウラン同位体の最初の量は同じであり，鉛同位体の量もまた同じであった．そのため，鉛同位体双方の比率を測定することにより，年齢を測定することができる．

さらに別の方法は，ストロンチウムとルビジウムを使うことである．この2つの放射性元素は，火成岩の中に非常に多く存在する．ストロンチウムには，Sr_{87} と Sr_{86} を含むいくつかの安定同位体がある．Sr_{87} はルビジウム87の放射性崩壊によって生成され，Sr_{86} は放射性崩壊で生成されるものではない．このように，岩石中のストロンチウム87には2つの起源がある．つまり，天然に存在するストロンチウムと，ルビジウムの放射性崩壊によって生成されたストロンチウムの2種類があるということだ．Sr_{87} と Sr_{86} の比率ははじめ，すべての岩石粒子の中で同じであった．したがって，岩石粒子中の Rb_{87} に対する Sr_{87} の比率を測定すれば，Rb_{87} がどれくらいの時間をかけて崩壊していったかを測定することができる．そのため，岩石の年齢と最終的には熱で溶かされた地球が冷えてからの時間を測定することができる．

このようにさまざまな方法から，一番古い岩石が約38億年であることがわかっている．46億年ということが判明している隕石に対しても，同様の測定方法が使われた．これは基本的に太陽系の年齢である．

さまざまな同位体が放出するガンマ線の「記録」によって，それらの同位体の比率を測定することさえできる．さまざまな同位体が広大な宇宙で灯台のように輝き，この地球で検出されるようなエネルギーを放出する．これにより，さまざまな元素の同位体の相対存在量がどれくらいであるのかがわかれば，地球の岩石試料に対してと同じような計算をすることができ，原子核時計が恒星内でどれくらいの時を刻んできたのかを，導き出すことができる．

地球上における形成

半減期が１億年未満の元素の同位体，もともとは生まれたばかりの地球で融合したものであったが，それらは今日，ほんのわずかしか見つかっていない．そのような同位体は，今日では人工的につくりだされる．たとえば，原子炉で，また宇宙線の衝突によって，あるいは不安定同位体が安定した状態になろうとするように，ある親核が崩壊することによってつくりだされる．

超新星の爆発により，核子が250を超えるような非常に大きな同位体のかたまりができた．そのかたまりはとても不安定で，急速に破砕し，より小さなかたまりへと崩壊する．ウランとトリウムには準安定の島がある．そこでの半減期は，地球の年齢（U-238は45億年）に，あるいは宇宙の年齢（トリウム232は145億年）にさえも匹敵する．最も重い安定同位体は，鉛の同位体，${}^{204}_{82}Pb$，${}^{206}_{82}Pb$，${}^{207}_{82}Pb$，${}^{208}_{82}Pb$である．この鉛の同位体のうち，最も軽いものだけが最初から存在するものであるが，他のものはU-238，U-235，トリチウム232がそれぞれ崩壊連鎖した末にできた安定同位体である．このような一連の崩壊過程において，半減期が短いいくつかの同位体が形成された．

すべての場合において，重い同位体は一連のアルファ粒子放出により原子番号を失う一方，ベータ崩壊により周期的に総電荷を低くする．連鎖途中の同位体はすべて放射性である．その中には，より特異なアスタチン，フランシウム，アクチニウムもあるが，ラジウム，ラドン，ポロニウムなどよく知られている名前の元素がある．たとえば，フランシウムとアスタチンは，それ自身の放射能が発するエネルギーによって気化されるため，目に見えるような量がつくりだされることは決してなかった．どの時点においても，地核中のフランシウムの総量は，30 グラムにも満たないと推定されてきた．一方，アスタチンの総量は約 1 グラムで，もっと少ない．

私たちの環境にあるヘリウムの大半は，地殻にあるアルファ粒子の放射能から生まれたものだ．これらのヘリウムの正電荷原子核は，電子を引きつけてヘリウムガスを生成する．このことから，たとえばウラン鉱中にヘリウムが存在することは明らかである．

放射性崩壊によって，核分裂も自然発生的に行われる．このような場合において，ウランの原子核は 2 つに分裂し，その 1 つ 1 つには大量の核子が含まれている（その例は第 2 章参照）．このような方法で，放射性元素であるプロメチウム 61 とテクネチウム 99 は，地球上に自然発生する．

その他の多くの同位体は，人間の行為によってつくりだされる．その中には，半世紀前に大気中における熱核爆発によって生じた三重水素や，原子炉で生成されたその他多くの元素がある．原子炉内でウラン試料と他の元素を衝突させることにより，ウランより大きい原子番号の同位体を合成することができる．これらの超ウラン元素はすべて不安定であるが，ネプツニウム，プルトニウム，アメリシウム，キュリウム，バークリウム，カリホルニウムなどは天然にもわずかだが存在する．少なくとも理論上は，これらの元素はウラン鉱石中に存在する．ウラン鉱石においては，宇宙線や自然発生的な核分裂により生じる中性子がウランと相互作用して，これらのより重い同位体をつくりだす．このことはしばしば事実として述べられているが，このような微量の超ウラン元素を観測したという決定的証拠については議論の余地がある．しかしながら，このような但し書きを念頭において，これら6つの超ウラン元素は地球に天然に存在する元素の周期表にある92の基本元素に追加されるべきである．総数が98というのはこうした理由による．これについては本書冒頭で述べたが，それを読まれた読者の方々は驚かれたことと思う．第6章では，超ウラン元素と超重元素の合成について述べることにする．

第6章

周期表を超えて

U-235，U-238，プルトニウム

ウランは地球上に大量に自然発生した最も重い元素である．92の陽子団の至るところで作用する静電反発力は，局在的な強い力によってかろうじて乗り越えられる．それがウランの同位体を核分裂させやすくしている（第2章）．偶数個の中性子をもつU-238では，奇数の中性子をもつU-235に比べて，より強い引力がはたらく．この違いは，これら2つの同位体が分裂する際の異なる振舞いにとって，また核兵器にこれらを応用させる際にきわめて重要である．

ウラン原子核は，はじめはほぼ球状である．エネルギーが注がれると，その原子核は2つの耳をもった鉄亜鈴状へと変形する．次に，互いに正電荷である2つの原子核間に作用する静電反発力が，強い力がもはや原子核を保持できなくなるまで原子核を押し広げる．原子核は2つの大きな破片に分離

する（核分裂の現象）.

U-238の場合，このエネルギーは最初の「速い」中性子の衝突により生じる．しかしながら，U-235の場合は，熱エネルギー以外のエネルギーを全くもたない中性子，すなわち「遅い」中性子を加えるだけで十分である．その訳は，すでにヒントは出ているが，奇数個の中性子をもつU-235は基底状態のU-236よりも比較的多くのエネルギーをもっているからだ．したがって，中性子の追加により，U-236は一時的に励起状態となる．これにより，ガンマ線が放射され，U-236は基底状態となるが分裂はいっそう起きやすくなる．

核分裂には興味深い点が2つある．1つめは，放射されたエネルギーは，他の放射能のエネルギーよりも大きいこと，2つめは，その過程においても中性子が放出されるということである．

$$\mathrm{n} + {}^{235}_{92}\mathrm{U} \rightarrow {}^{144}_{56}\mathrm{Ba} + {}^{89}_{36}\mathrm{Kr} + 3\mathrm{n}$$

この中性子は，他のウラン原子に衝突し，連鎖反応によりさらなる核分裂を誘発しうる．しかしながら，天然に発見されているウランのほとんどがU-238である．U-235は原子1000個につき約7個の割合である．したがって，二次中性子は，相対的に希少な同位体，U-235に偶然出くわして連鎖反応を維持するよりもむしろ，U-238にぶつかって連鎖反応を終わらせる可能性がより高くなる．原子爆弾のエネルギーの爆発的放出で必要とされるのは，ウランを濃縮すること，すなわちU-235の割合を増やすことであるのはそのためだ．これは大規模な事業計画である．この計画は，第二次世界大戦中のマンハッタン計画における大きな挑戦のうちの1つであり，また核爆発を引き起こす2つの方法を研究することにもなった．広島に落とされた最初の原子爆弾は濃縮したU-235を利用したものであったのに対し，長崎に落とされた原子爆弾はプルトニウムを使用したものであった．

U-235の使用にあたって重要なことは，奇数の中性子が偶数の陽子を伴うということである．理論家たちは，94の偶数陽子と145の奇数中性子からなるプルトニウム239もまた，連鎖反応により爆発的に核分裂をする，と推測し，実験により確証した．プルトニウムは燃料としてU-238を含む原子炉で合成（増殖）される．U-238は核分裂しないが，ベータ崩壊が2回繰り返されることにより，プルトニウムに変換する．

$$n + {}^{238}_{92}U \rightarrow {}^{239}_{92}U \rightarrow {}^{239}_{93}Np + e^- + \bar{\nu} \rightarrow {}^{239}_{94}Pu + e^- + \bar{\nu}$$

この式で，$\bar{\nu}$は反中性微子を示す．

このような原子炉内でのプルトニウムの増殖は，今日，研究や技術応用の主要分野である超ウラン元素の合成の一例である．

93番から100番までの超ウラン元素

ウランは多量に発見されている元素のうちで一番重いものであるが，次の6つの元素，すなわち原子番号93のネプツニウム（Np），98番のカリホルニウム（Cf），99番のアインスタニウム（Es），100番のフェルミウム（Fm）などの元素がわずかに存在する．これらの元素は，半世紀前の水爆実験で形成され，その後しばらくの間わずかながら存在していたが，自然発生したのではない．

これらの元素はすべて原子炉や加速器で合成される．ネプツニウムからカリホルニウムまでは，プルトニウムの形成のところですでに述べているように，ウランの中性子捕獲とそれに続くベータ崩壊によって形成される．非常に多くのウランが地球上に存在しているので，その反応もまた，宇宙線の衝突や自発的核分裂の際に放出された中性子によって自然に引き起こされる．このような事象は，カリホルニウムまでの超ウラン元素の形成につながった．このように，原子炉がウラン標的や非常に強い中性子線により目に見えるような量を合成することを，自然界は時折ウラン鉱石中で行う．そのため，これら6つの超ウラン元素は，合計で98個となる自然発生する元素の表に含まれる．

ここでいう「自然」という言葉は，地球上に存在するという意味である．超新星では，これらすべての元素と他の極端な事象を含むそれ以上の元素が形成される．たとえば，アインスタニウム99とフェルミウム100は，熱核爆発により初めて合成された．この発見もまた，超新星の元素合成における r 過程（r は rapid〈急速〉のことである）を裏づけるものである（第 5 章）．

1952 年 11 月の「アイビー・マイク」（訳者注：米国による史上初の水爆実験．太平洋マーシャル諸島のエニウェトク環礁で行われた）水爆実験に続く新たな調査で，非常に重いプルトニウムの同位体，$^{244}_{94}Pu$ の存在を示すいくつかの証拠が発見された．これにより，6 つの中性子が急速に吸収されたことが示された．

$$^{238}_{92}U + 6n \rightarrow {}^{244}_{94}Pu + 2e^- + 2\bar{\nu}$$

この発見は驚くべきものであり，熱核爆発の激しさによって 6 つ以上の中性子が吸収され，続くベータ崩壊において，カリホルニウム以降の元素が合成されたことが示唆された．このことは，サンゴの中に大量の放射性物質が発見されたときに正に確認された．

2 つの新しい元素が爆発により合成されたことが証明された．1 つめはアインスタニウム 99 で，これは 15 個の中性子を吸収した後，結果として生じる重い同位体の安定性を高めるべく，7 回ベータ崩壊をしたことにより発生した．

$$^{238}_{92}U + 15n \rightarrow {}^{253}_{99}Es + 7e^- + 7\bar{\nu}$$

15 個の中性子は，Z の値を変えることなく質量数を上げた．これにより，中性子の重量が超過する同位体が生じた．

その後ベータ崩壊が，陽子が適正数になるまで中性子の過剰分を減らしながら行われた（第4章）.

2つめは，データによっても証明されたことだが，ある場合において17個もの中性子が吸収されたということである．これによって，より重い同位体，すなわちアインスタニウム255が形成された．このアインスタニウム255は，アインスタニウム253に比べて中性子が2つ余分なため不安定であり，ベータ崩壊を起こす．その結果できたのがフェルミウム100である.

$$^{255}_{99}\mathrm{Es} \rightarrow {}^{255}_{100}\mathrm{Fm} + \mathrm{e}^{-} + \bar{\nu}$$

フェルミウムはウランの中性子照射によって形成される最もたくさんのZをもつ元素で，目に見えるような量が合成される最も重い元素であるが，これには限界がある．なぜならフェルミウムは，ベータ崩壊ではなくアルファ崩壊をするため，Zが101の元素，メンデレビウムには至らないからだ．したがって，

$$^{255}_{100}\mathrm{Fm} \rightarrow {}^{4}_{2}\mathrm{He} + {}^{251}_{98}\mathrm{Cf}$$

そしてメンデレビウムを形成しない.

$$^{255}_{100}\mathrm{Fm} \nrightarrow {}^{255}_{101}\mathrm{Md} + \mathrm{e}^{-} + \bar{\nu}$$

1954年，アインスタニウムとフェルミウムは，バークレーとアルゴンヌで，窒素14イオンと標的U-238を融合させる核反応によって合成された．これらはまた，非常に強い

中性子線をプルトニウムもしくはカリホルニウムに照射させることによってもつくりだされた．同年，これとは別に，スイスの研究チームがU-238に酸素16のイオンを衝突させてフェルミウムをつくりだした．この段階では，1952年からの水爆実験の結果はまだ機密事項であった．1954年，米国の論文で，彼らの「発見」はフェルミウムに関する最初の研究ではない，ということが遠慮がちに述べられている．

地球上のウランからアインスタニウムとフェルミウムを合成するには，多数の中性子を捕獲する必要がある．このような合成がきわめて稀であるのは，双方の元素が自然界では発見されていない理由でもある．これらの元素は，高出力原子炉もしくは核兵器実験で初めて製造されたものである．核爆発は，マイクロ秒ごとにcm^2あたりの中性子を最大10^{23}個まで放出する，最も強力な人工の中性子源である．これは，高中性子束原子炉内の中性子よりも15桁分大きい．テネシー州のオークリッジ研究所にある高出力原子炉は，$Z>96$の元素を生成するために標的である安定したアクチノイド元素を照射する（アクチノイド元素とは，原子番号が89のアクチニウムから103のローレンシウムまでの15個の金属元素である）．このような反応で，10グラムのキュリウムを含有する標的が照射されると，通常1/10グラムのカリホルニウム，数ミリグラムのバークリウム（$Z=97$）および数ピコグラムのフェルミウム（$Z=100$）が生成される．

この量は，100キロトンの核爆発により生成されたものに比べたらわずかなものだ．このような核爆発では数ミリグラムのフェルミウムが合成される．高中性子束原子炉では，数マイクログラムのフェルミウムが特定の実験での使用を目的に製造されてきた．このようにわずかな量がありさえすれば，標的として使用するのに十分である．その標的にアルファ粒子や他のイオンを照射することによって，わずかな量ではあるが $Z > 100$ の元素を合成することができる．このように合成されたものは超重元素といい，すべて加速器で合成される．

超ウランから超重元素へ

原子番号 95 と 96，すなわちアメリシウムとキュリウムもまた，ウランとプルトニウムを中性子で照射することによって原子炉で多量に生成される．1 トンの使用核燃料につき，100 グラムのアメリシウムと 20 グラムのキュリウムが生成される．それらは放射性であるが，半減期が数か月から数年の間なので，工業用あるいは研究用として使用できるくらいの量を見積もることができる．特に，これらは加速器で重イオンを照射させるときの標的として使用することができる．たとえば，原子番号 97 のバークリウムはアルファ粒子を用いたアメリシウムの照射によって初めて製造された．バークレー，ロシアのドゥブナ，ドイツのダルムシュタットなどの実験室において，アルファ粒子，炭素 12，窒素 15，酸素 18，ネオン 22，マグネシウム 26 などが，アメリシウムやキュリウムに照射され，より重い元素が生成された．これらの超重元素については次の節で述べることとする．

アメリシウムはアルファ粒子を放出して，ネプツニウムへと崩壊する．これは非常に強力なアルファ粒子の放射体であるため，ベリリウムと結合して，中性子源をつくりだす．

重要な特徴として，アルファ粒子がベリリウムにぶつかると，中性子が放出されることが挙げられる．

$$^{9}_{4}\mathrm{Be} + ^{4}_{2}\mathrm{He} \rightarrow ^{12}_{6}\mathrm{C} + ^{1}_{0}\mathrm{n}$$

自宅でアメリシウムをもつことは可能だ．アメリシウムはアルファ粒子線源として，煙探知機での使用ができる．アルファ粒子線が電離箱（2つの電極間における空気で満たされた空間）を通過すると，わずかな一定量の電流が流れる．アルファ粒子は吸収されやすいので，煙粒子がアルファ粒子を吸収する．それによって電離化は小さくなり，電流が変わる．これにより，警報が作動するのである．

キュリウムは，最も放射性の高い元素のうちの1つである．これは，宇宙探査機の科学機器で，アルファ粒子線源として使われてきた．

超フェルミウム戦争

従来，新しい元素の命名権は，発見者あるいは合成した人にあった．元素番号104から106は，1960年代に，米国のバークレーとソビエト連邦（ソ連，当時の）のドゥブナで，別々に発見された．いくつかの証拠の堅さについてや，これらの元素の存在を最初に明らかにしたのは誰かについて論争があった．これにより，名前を付ける優先権についての論争が引き起こされた．2つの研究所は異なる名前を選択したからだ．

元素番号104は，米国ではラザフォードにちなんでラザホージウム，ソ連ではクルチャトフ（ソ連の原子爆弾の父）にちなんでクルチャトビウムと名づけられた．元素番号105に対して，米国はハーニウム，ソ連はボーリウムとそれぞれ名づけた．元素番号106は，バークレーで発見され，グレン・シーボーグにちなんで，シーボーギウムと名づけられた．シーボーグは，最初の超ウラン元素であるネプツニウムとプルトニウムを含む，いくつかの超ウラン元素の合成を指導した原子核物理学者である．これにより別の論争が引き起こされた．シーボーグはまだ生存しており，生存している科学者にちなんで元素に名前をつけることは，不適切であるとみなされたからである．

IUPAC（国際純粋・応用化学連合）は解決策を練った．105番には，その合成が行われたソビエト連邦の研究所，ドゥブナにちなんでドブニウム，104番にはラザホージウム，108番には，核分裂を発見したオットー・ハーンにちなんでハーニウムと名づけることが，IUPACにより提案された．

一方，107番から109番については，ダルムシュタットの

GSI（重イオン研究所）で合成されたことに異論はなかった．よって，GSIは，107番にはボーリウム，108番にはドイツのある地域にちなんでハッシウム，109番にはハーンの同僚で核分裂の先駆者，リーゼ・マイトナーにちなんでマイトネリウムと名づけた．GSIは，108番は明らかに自分たちが発見した元素であるのに，自分たちが付けた名前が却下されたことに異を唱えた．米国化学会も，106番は独自の発見であるからシーボーギウムと名づけたと，苦情を申し立てた．

多くの議論の末，唯一人の発見者が名前を選ぶという権利が保護された．こうして，106番にはシーボーギウム，107番から109番まではドイツがもともと選んだ名前が承認された．104番と105番に関して，争点となっていた2つの申し立てが外交的に分かち合われた結果，104番には米国の選択で，ラザホージウム，105番にはドブニウムという名前が付けられた．

安定の島

陽子が82，中性子が126の鉛208は，二重魔法数であるため安定している．したがって，静電気の斥力を補うために非常に多くの中性子が必要とされるのだが，陽子が魔法数である元素126番は，比較的安定した状態でいられる．よって，実際の安定性の程度と同位体の内容は活発な理論的議論のテーマとなる．重要な合意としては，126番近辺の元素は相対的に安定の島であるということだ．これを書いている時点（2015 年）で確実に，元素合成でできた最も重い元素は，117 番の「ウンウンセプチウム」である．

この原子核は，2010 年に初めて生成され，2014 年，ダルムシュタットにある GSI で確証された．最新の注意を要するこの実験は，実際は国際共同研究であった．まず，標的としてバークリウム 249 を用意する必要があった．バークリウムの半減期は 330 日で，13 ミリグラムがテネシー州のオークリッジで合成され，その後マインツ大学に送られた．マインツで，バークリウムはターゲットとして製造された．GSI では，バークリウムはカリウム 48 のビームによる照射に耐えることができると思われた．

$$^{48}_{20}\mathrm{Ca} + ^{249}_{97}\mathrm{Bk} \rightarrow ^{294}_{117}\mathrm{X}$$

2014 年 5 月に，*Physical Review Letters*（Vol. 112, pp 172,501）で，アルファ粒子の放出を 7 回繰り返して，最終的にはローレンシウムに変換するような放射性崩壊が行われたことにより，わずかな量ではあるが，ウンウンセプチウムが生成されたと発表された．その一連の過程は次のとおりである．

$$^{294}_{117}\mathrm{X} \rightarrow ^{290}_{115}\mathrm{X} \rightarrow ^{286}_{113}\mathrm{X} \rightarrow ^{282}_{111}\mathrm{Rg} \rightarrow ^{278}_{109}\mathrm{Mt} \rightarrow ^{274}_{107}\mathrm{Bh} \rightarrow ^{270}_{105}\mathrm{Db} \rightarrow ^{266}_{103}\mathrm{Lr}$$

元素 126 番への途中でウンウンセプチウム以上の元素に達するには，カルシウム 48 よりも重い入射粒子ビームの開発が必要だろう．

中性子星

あらゆる元素よりも重い元素が，いわゆる「中性子星」という形で，宇宙に存在する可能性がある．その名前から，このような星は中性子のみで構成されていると思われるかもしれないが，必ずしもそうとは限らない．

原子核をつくった強い力に関するわれわれの考察で，密接した陽子と中性子を引っ張る強い力とその集合体を破壊する陽子間ではたらく静電反発力に焦点を当ててきた．弱い力はベータ崩壊をもたらす．重力の影響は，粒子おのおのの間では取るに足らないものであったため，無視されてきた．しかしながら，重力の影響が積み重なると，たとえば惑星をつくるような多数の粒子の集合体にとって，それは支配的になるのである．このように，かたまりの中に 10^{57} 個以上の中性子が存在するならば，それらの蓄積した重力は全体的な強さのなかで強い力に匹敵する．その結果，1キロメートル以上にわたる中性子から構成された球状のもの，つまり中性子星が形成される．

図11で示すように，恒星の行きつくところは重力崩壊である．それにより，恒星内でプラズマ状態の電子と陽子が結合して，中性子とおびただしい量の中性微子を形成する（第5章参照）．

$$e^- + p \rightarrow n + \nu$$

中性子は電荷を全くもたないが，電荷をもつクォークから

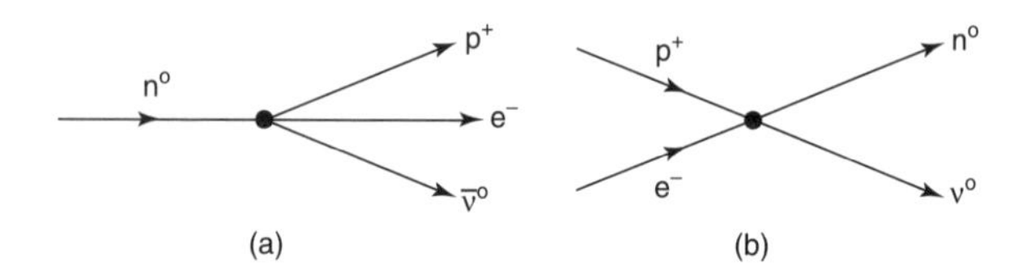

図 11　中性子星と中性微子は一緒につくられる．中性子星が形成されると，ベータ崩壊過程が作動する．高密度の恒星における電子と陽子はともに非常に高い圧力を受けるため，中性子と中性微子に変換する．中性子が中性子星を形成し，中性微子は空間に放射される．

なっている．クォーク間の電荷は，結合してゼロになるにもかかわらず，個々の磁性はゼロにはならない．その結果，中性子は磁気モーメントをもつ．中性子星が回転することで生じる磁性により，パルスという形で電磁放射線が放出される．それはまるで，ほんの一瞬，放射体があなたの方向に回転するときに唯一見える灯台の光のようである．パルサーが発見されたのは，このような現象によってである．後にパルサーは中性子星であることが確認された．天体物理学についてはこれくらいにしておこう．ここで言いたいのは，原子核物理学との優れた統合ということだ．それにより，半経験質量公式が示唆するところは，中性子が 10^{57} ある原子核が存在しうるということである．

崩壊が非常に完璧なバランスを保つということはありえそうもなく，ありとあらゆる陽子は電子と出くわす．よって，実際は同じように陽子が存在するだろう．10^{57} という規模では，10 億でさえ無視できるほどに小さい．中性子星という用語は，おそらく誤った名称である．これらの物体はおそらく，陽子や電子も含有し，ベータ崩壊を起こして平衡状態に至るからだ．よって，ウンウンセプチウムよりもずっと重い元素の原子核が存在し，そこでは重力により安定性が保証されていて，非常に多くの陽子が1キロメートルサイズの中性子一団の中にまき散らされているといっても，それほど間違っていないだろう．しかしながら，実用上これらは中性子星と総称される．

安定性の境界：ドリップラインとr過程

同位体の領域は，陽子の数をy軸（縦軸）に，中性子の数をx軸（横軸）にとった図表で示すことができる．原子核はそれぞれマス目に表示される．原子核が安定している場合，マス目は黒く塗りつぶされ，若干不安定なものは暗めの色，非常に不安定なものはより明るい色になっている．この図表からすぐにわかることは，中性子がほんの少し多いが，中性子の数と陽子の数は同じようになる傾向にあるということである（原子核データに関連して，図表がウェブ上で利用できる＜ http://www.nndc.bnl.gov/chart/ ＞）．

もともと安定している原子核に，陽子あるいは中性子をもっと加えることにより，このような核子を1つ以上追加することによってできた原子核が直ちに崩壊する瞬間が来るだろう．この核子は，実質的には原子核から漏れた，あるいは「滴り落ちた」のである．小区画におけるこれらの境界線はそれぞれ，陽子ドリップライン，中性子ドリップラインとよばれる．

ドリップラインという用語は，原子核が液滴に似ているということを思い起こさせる．水の分子は，液滴の中で互いに強く引っ張りあうが，表面では隣りは内側にしかないので，引力はより少なくなる．これにより表面張力が起きる．そこでは，1滴は裂けて2つの小さな液滴になることにより，より安定した状態になる．さらにこの類似性をみていくと，水漏れした蛇口から水が滴り落ちるのと同じように，核子が不安定核種から滴り落ちるときに，核子のドリップラインが生じる．

中性子ドリップラインと陽子ドリップラインは，恒星内および超新星爆発における原子核形成において重要な役割を担っている．

第5章で述べたように，静電反発力が非常に強いため，鉄より重い元素の原子核は，より軽い原子核の核融合によって形成されることはない．このように互いに侵しあう原子核にとって，それらの運動エネルギーは高くならざるを得ないので，結果，より大きな単一体へと融合するよりもむしろ，砕け散ることとなる．その代わり，連続的に中性子捕獲が行われることによって，より重い元素が形成され，ベータ崩壊が起きて，非常に中性子が過剰な不安定同位体が形成される．

中性子過剰のかたまりの形成は，静電反発力では阻止されない．しかし，同位体の $[Z, A]$ 領域において，このような配位は安定の谷とは程遠い．

経験的に，中性子は超新星崩壊の中心部で非常に急速に捕獲される．これにより，ベータ崩壊を起こすよりも速く，中性子ドリップラインに沿って同位体が形成される．これまでみてきたとおり，これはr過程として知られている．

超新星では原子核が非常に大きくなり，不安定になって自然発生的に核分裂を起こすときに，r過程は終了する．これは，270にも及ぶ構成要素によるかたまりが形成されたときに起きる．ひとたび中性子束が落ちると，たとえば超新星の低密度下で，非常に不安定な原子核は，ウランやその他の重元素の中性子過剰で比較的安定な同位体になるまで，ベータ崩壊をし続ける．

重元素の形成に関する定性的理論は，より軽い標的に衝突させる中性子過剰な重原子核，たとえばU-238などのビームを使って実験室で研究されている．重い入射粒子が跳ね返った標的の構成要素の一部を削ぎ落とす一方，その他のものはビームに移り，エキゾチック不安定重同位体をつくりだす．単純な例として，重イオンに衝突された標的重陽子が挙げられる．標的陽子が跳ね返り，中性子がビームに移り，1つ以上の中性子をもつ同位体を形成するという機会がある．このような実験により，中性子過剰な不安定核の領域でr過程が起こりうる経路を決定することができる．

この経路は，特定の原子核が中性子を捕獲するのに必要なエネルギーの量と，その半減期によって決まる．次にこれは原子核の殻構造によって決まる．そのため，A と Z での経路はジグザグになる．重元素の合成を理解するためには，原子核の殻構造が安定性とは程遠いところで，どのように展開するかについて理解する必要がある．安定原子核を研究することにより，陽子には 50 と 82 の魔法数があることがわかった．陽子と中性子の間で作用する強い力の対称性により，この値は中性子にとっても魔法数であるはずだ．したがって，$^{80}_{30}\mathrm{Zn}_{50}$ や $^{130}_{48}\mathrm{Cd}_{82}$ などのような中性子過剰な原子核には中性子の魔法数が含まれている（2 番目の下付き文字で中性子の数を明確にした）．r 過程においても，$^{78}_{28}\mathrm{Ni}_{50}$ や $^{132}_{40}\mathrm{Sn}_{82}$ などのように二重魔法数をもつ中性子過剰な同位体が形成される．天体核物理学における目下の戦略は，安定重元素が形成される途中で，非常に不安定で中性子過剰な同位体の領域をいかにして r 過程がつくりだすかについての研究を目指して放射性重イオンビームを使うことである．

第7章

エキゾチック原子核

ハロー核

原子核の液滴模型（第4章参照）は，原子核は一定密度の球体であると仮定している．これは，核子Aからなる原子核の半径が

$$r = r_0 A^{1/3}$$

であるということであり，r_0は1.2フェムトメートルである．この式は安定した状態であるか，もしくは中性子の数が最大で50%，陽子の数を上回るという最適条件からさほど遠くない原子核の説明としてはよいが，中性子ドリップライン，あるいは陽子ドリップライン上，もくしはその近辺にある同位体のような中性子過剰，もしくは陽子過剰の不安定同位体については当てはまらない．このように核子の一方が過剰である場合，中心にある核の周りにハローが形成される．

例を挙げると陽子2つと中性子4つからなる$^{6}_{2}$Heがある．2つの中性子は，アルファ粒子の小さな芯（原子核）の中で，陽子とともにひとかたまりになる一方，残りの2つの中性子は緩く結合して，離れたところで旋回する．陽子ハローをもつ最も軽い同位体はホウ素8である．陽子4つと中性子3つが，芯（原子核）を形成し，残り1つの陽子がハローとなる．陽子ハローをもつ原子核は，中性子ハローをもつ原子核よりもずっと珍しい．これは，ハローを不安定にする過剰陽子の静電反発力のせいである．

ハロー核はすべて，その半減期が概してほぼ数ミリ秒と短い．ハロー核は，原子核同位体の集合において，安定性の限界のところに存在する．

ボロミアン核

ボロミアン・リングとは，どの2つも繋がっていないが，3つ組をなす3つの輪である（図12）．図で描かれているように，どれか1つの輪を取り外すと，残りの2つはばらばらになってしまう．ボロミアン核も同様に，構成要素のうちどれか1つが取り除かれると，残りはばらばらになってしまうような結合をしている，3つの独立した構成要素からなる核である．その一例として，3つのアルファ粒子のサブユニットからなる炭素12がある．3つのアルファ粒子から1つを取り除くと，残りは結合しておらず，これはベリリウム8である．ハロー核がボロミアン核の構造をつくる．その構造の基礎的な動力学には，2つのサブシステムがある．1つは芯

図12　ボロミアン・リング

(原子核）を含むシステム，もう1つはハローが小さな中心部を旋回するようなシステムである．分離すると，アルファ粒子の核と2つのサテライト中性子をもつ$^{6}_{2}He$のように，中心部は安定しているが，ハローは不安定である．全体，つまりかたまりとハローは，ほんの瞬時生きながらえることができるとしても，いかなるサブシステムであっても分離して結合する可能性はない．

このようなエキゾチック核の配位構造を研究することにより，多体系がどのようにみずからを組織化しているのかについての情報が得られる．このような情報は原子核の構造に対する興味であるが，物理学と化学を通した多体系の研究に対しても洞察を与えうるものである．

ハイパー核

中性子あるいは陽子を構成するクォークが，ストレンジクォークに取って代わられると，その結果できた粒子はストレンジネスの性質をもつ．それは一般的にハイペロンとして知られている．原子核内部で，核子がハイペロンに取って代わられると，ハイパー核となる．

ハイペロンのうち最も軽いものは，3つのクォークからなるラムダ粒子（Λと表記される）である．3つのクォークとは，ストレンジクォーク，アップクォーク，ダウンクォークである．ハイパー核のほとんどが実際は，1つかそれ以上のラムダ粒子をもつ傾向にある．ハイパー核は，原子核同位体の図表を三次元へと広げる．そのような図表はかたまりの中のハイペロンの数に対応するものである．理論的には，非常に多くのハイペロンをもつストレンジ物質は比較的安定している可能性がある．これは，今のところ推測の域を出ておらず，理論家の間では広く承認されていない．宇宙線にストレンジ物質のかたまりが存在するという証拠もなければ，研究室での実験において納得いくように実証された例もないが，中性子星には，ストレンジ物質からなる大きなかたまりがあるという可能性は未解決の問題である．

自由空間において，ラムダ粒子はベータ崩壊をし陽子へと変換する．

$$\Lambda \rightarrow p + e^{-} + \bar{\nu}$$

中性子は分離してベータ崩壊を起こすとしても，原子核内部では安定しているという理由と同じように，原子核内部において，このベータ崩壊はパウリの排他原理により禁制となっている．

ラムダ粒子は強い力により原子核内に留まる．よって，ハイパー核の研究において興味深いことの1つは，いかにラムダ粒子の間で作用する強い力が，核子における強い力と比較されるかを引き出すことである．1個のラムダ粒子はその mc^2 に閉じ込められた1個の核子よりも約150 MeVより大きいエネルギーをもっているため，ハイパー核内部でベータ崩壊をすることにより大量のエネルギーを放出する．それにより生じた従来型の原子核は，通常と違う高励起状態となる．このようにハイパー核は，それ独自として興味深いばかりでなく，従来型の核についての理解をさらに広げる目新しい方法としても興味深い．

ストレンジ物質

従来型の原子核は，3つ組に閉じ込められた，たくさんのアップクォークとダウンクォーク，つまり中性子と陽子を含んでいる．ラムダ粒子のように，アップクォークとダウンクォークとともに，3つ組においてもわずかに存在するストレンジクォークはハイパー核を形成する．すでに述べたとおり，ハイパー核は，この数十年にわたりその存在が知られるようになり，研究されてきた．従来型のハイペロン以外のかたまりの中にある原子核にもストレンジクォークが存在するかどうかについては，まだ未解決である．たとえば，パウリの排他原理に従えば，基底状態では同一フレーバーは2つまで共存しうる．これにより，6つのクォーク，つまり2つのアップクォーク，2つのダウンクォーク，2つのストレンジクォークからなる安定したかたまりが存在することが，原理上は可能である．

ラムダ粒子は不安定であるため，ベータ崩壊などにより，ストレンジネス（奇妙さ）を失い，アップクォークとダウンクォークから構成される状態へと変換する．理論的には，非常にたくさんのストレンジクォークをもっている物質は，このような振舞いをすることはできない．大量のストレンジクォークが存在するとき，基底状態ではほぼ同数のアップクォーク，ダウンクォーク，ストレンジクォークが含まれうる．このような状態の最も単純な例はストレンジレットとして知られている．たいがいの理論モデルは，ストレンジレットはいったん形成されると10億分の1秒以内に通常の物質に変わることを示唆する．ストレンジレットと通常の物質との間の相互作用により，通常の物質がストレンジ物質へと変わり，このストレンジ物質はハドロン物質の最も安定した形態であるといった，なんともおどろくべき話が展開されてきた．

もしこの仮説が真実だとしても，ストレンジ物質の半減期は宇宙の年齢よりもはるかに大きい．ストレンジ物質が著しく安定している理由は，その過程を理解すれば明らかになる．ストレンジクォークをもたない状態から，アップクォーク，ダウンクォーク，ストレンジクォークの同数ずつで構成される融合体になるには，この過程の発展を促すべく形成されたストレンジクォークがまず1つ，次に2つ，など必要となる．このように初期のストレンジクォークは，ラムダ粒子のように，原子核をハイパー核へと変換させるハイペロンを形成する．しかしながら，ハイパー核は比較的重いので，ストレンジ物質に変換するには非常に多数の変換が同時に，ベータ崩壊にかかる時間よりも早く，起きるはずである．

このような過程は，少なくとも通常の条件では一般的な可能性としてもきわめて起こりそうもないということだ．ここで必要とされるものは，通常の物質に対して，中性子過剰な原子核を形成するうちのr過程で必要とされるものと似ている．したがって，ストレンジクォークが豊富な物質を急速につくりだすためには，通常とは違う条件が必要となる．

1つ考えられる環境として，初期宇宙がある．そこでは，ストレンジレットは，中性子や陽子とともに形成されていたことはありうる．もう1つ考えられる環境としては，高エネルギーによる衝突である．たとえば，ニューヨーク州ブルックヘブン研究所の相対論的重イオン衝突型加速器RHICや，CERNの大型ハドロン衝突型加速器などのように，重イオンビームを使っての衝突，あるいは宇宙線と地球環境との間で起きる衝突などがある．ストレンジレットは，磁界では通常と違う振舞いをする特徴がある．従来型の原子核は正電荷を帯びており，その軌道が磁界でどれくらい容易に曲がるかは質量に対する電荷の比率によって決まる．つまり，既定の質量に対する電荷が高ければ高いほど，曲線は鋭くなる．しかしながら，ストレンジレットの電荷は比較的小さく，アップクォーク，ダウンクォーク，ストレンジクォークが同数ずつある極端な状態では，総電荷はゼロである．したがって一般的には，ストレンジレットの電荷の対質量比は，通常の物質のそれに比べて非常に小さい．このことから，磁界ではほとんど直線となり，非常に特色のあるものになるはずだ．このようなストレンジ物質が理論的に存在するという可能性については，30 年以上にわたって認識され，調査されてきたが，いまだその証拠は全く見つかっていない．

中性子星では，恒星自身の重力を受けた圧力により中性子が崩壊して，クォークからなる凝固体を形成する可能性がある．クォーク・グルーオン・プラズマが高温高圧下で生じるのに対して，クォーク星は冷たい物質からなる仮想的状態である．アップクォークとダウンクォークだけで構成されるこのような物質の安定性について，理論的議論が激しく展開されている．いくつかのモデルでは，もし，ストレンジ物質を形成するストレンジクォークも大量に存在するなら，クォーク星はより安定することが示唆されている．

上述のことは，サイエンス・フィクションが非常に好む筋書きに似てくる．周知のとおり，そのような話では，物質は最も安定した構造というわけではないので，物質からなる宇宙がストレンジ物質になってしまうような破滅的崩壊が起きる可能性があるというのだ．このような場合，ストレンジレットと地球上の原子核とが衝突することにより，地球全体がストレンジ物質の集合体になってしまう可能性がある．サイエンス・フィクションにとっては悲しいことではあるが，われわれにとっては幸運なことに，すべての証拠はこれに反している．ストレンジレットの概念を導いた理論モデルは，第一に，この状況に至らず，間接的には実験では反対の証拠があるのである．たとえば，もしこのようなことが起きたなら，中性子星はすべてストレンジ星となり，それによって宇宙線の中に，莫大な量のストレンジレット束が生じるだろう，といった具合に．証拠がないということは，ないことの証拠というわけでは決してないが，すべての状況は，安定したストレンジレットは存在しないことを示している．

反物質原子核

量子論の基本的性質として，あらゆる種類の粒子にはそれに対応する反粒子が存在することが挙げられる．反粒子は，質量，サイズ，形は同じだが，電荷が反対の粒子のことである．電子の反粒子は，正電荷の同種の陽電子である．陽電子は，陽電子放出のところで触れたように，陽電子放出型断層撮影法にとって欠かせないものである．この陽電子は，原子核内部にもともと存在するものではないが，ベータ崩壊で放出されたエネルギーによって形成された．

反陽子は陽子と同じ質量で，反対の電荷である正電荷を帯びている．同様に，反中性子は中性子と同じ質量をもち，電荷がゼロである．ここで1つ疑問がわいてくる．それは，中性子と反中性子をどうやって見分けるのかということだ．中性子は概して電荷をもたないけれども，そのサイズは小さいものの測定が可能である．その中では，結局ゼロとなるクォークによって運ばれる正電荷と負電荷が旋回している．これにより磁性が生じて，反中性子は中性子に対して反対の動きをとるため，反中性子と中性子は，異なる磁極性によって識別することができる．

強い力は，核子ではたらくのと同じ力と効果により反核子ではたらく．したがって理論的には，反原子（そこでは陽電子が，反陽子と反中性子から構成される反原子核の周りを旋回している）からなる反物質は，現在私たちが知っている物質で満たされている宇宙と同じようにビッグバン以降におそらく出現したと思われる．個々の反粒子は通常，宇宙線同士の衝突で生じるエネルギーにより，あるいはCERNのような研究所の加速器内で生成されるのだが，宇宙全体に反物質が大量に存在するという証拠は何もない．しかしながら，理論的には反元素の周期表は，元素の周期表と同じ特性をもつはずだ．物理学における大きな謎のうちの1つが，物質と反物質間の対称性がいかにして乱されたか，ということである．

最も単純な反原子核は広く知られている．1955年，反陽子の存在が明らかとなり，以後数十年にわたり，実験に基づく粒子物理学の分野で反陽子は利用されてきた．CERN の実験において，反陽子は，中心にある二重に帯電した原子核の周りを回っている 2 つの電子のうちの 1 つが，反陽子に取って代わられるヘリウムのエキゾチック原子をつくるために利用されてきた．これは，まず反陽子を生成し，それの速度を落としてエネルギーを減らした後，通常のヘリウムガスと結合させることにより達成される．反陽子は負電荷を帯びているので，電子と同じだけ正電荷のヘリウム原子核に引き寄せられる．一瞬，このシステムは反陽子が中心にある原子核の周りを離れて回っている原子のように思われるが，重い反陽子は電子よりもさらに原子核に近いところを回っており，原子核の強い力により急速に閉じ込められる．

したがって，われわれは原子のエキゾチックな形成から着手し，反陽子が原子核の内側に向かってらせん状に動くときに放射される X 線を記録する．反陽子のこの動きは数マイクロ秒の間続く．その後一瞬原子は，ヘリウム 4 のエキゾチック原子核の周りを回る電子 1 つと反陽子 1 つから構成される．1 ピコ秒内に，反陽子は，陽子もしくは中性子のうちの 1 つにより対消滅させられているガンマ線あるいはパイ中間子を放出する．

このような一連の事象は，基本的な物理的特性についての理解を深めるにあたって有益である．X 線のスペクトルを解読して反陽子の質量を計算できる．このスペクトルは，10 億分の 1 よりも良い精度で，陽子の質量と同じであることがわかっている．

最も単純な元素の反原子である反水素が製造されてきた．これをつくりだす際の難しさは，もっと複雑な反原子核をつくりだすにあたっての問題点を説明することができる．

1995年以前は，宇宙の歴史において，反物質の原子は1つも存在していないと考えられていた．宇宙線のエネルギー衝突により形成されてきた陽電子と反陽子が互いに出くわしたとき，それらは非常に速く動くので，ゆっくりと溜まり結合して原子になるよりもむしろ進み続ける．CERNのあるチームが初めて少量の反水素原子を製造した1995年にすべてが変わった．これは技術的偉業であった．本書の範囲を超えるところであるので，次のようにいえば十分であろう．反水素に関するあらゆることが，反水素と水素の間の完璧な対称性を明らかにした．わかったことは，反粒子は粒子と同じように形成されるが，あらゆる自然環境に広がる物質と接触して消滅する前に，結合して複雑な構造をつくる機会はほとんどない，ということである．

次に単純な反原子核は，1つの反陽子と1つの反中性子が結合してできる反重陽子である．個々の反中性子は，反陽子の形成と同様，実験で生成されてきた．ここでもう一度いうが，反陽子と反中性子がともにそっと接触し，どちらか一方が通常の物質の原子核に衝突することにより破壊される前に，双方が結合して反重陽子になろうとする機会はきわめて低い．しかしながら，それが起こって，反重陽子は1965年に初めて観測された．

最も複雑な反原子核は，反ヘリウム4の原子核である．2011年，RHICを使って2つの金原子核を衝突させることによって，開放されたエネルギーから生じた残骸物の中に18の例が確認された．もし完璧な真空状態であったなら，反ヘリウムは物質界でおなじみのヘリウムと同じくらい安定して生きながらえただろう．しかしながら，100億分の1秒内に反ヘリウムは実験装置の壁に激突して，模型の火球のごとく破壊された．

反水素，反重陽子，反ヘリウムについてわかっているすべてのことは，反原子核の性質はそれらに対応する物質の性質と一致するという理論的見解とつじつまが合う．したがって，もし宇宙の果てに大量の反物質があるなら，われわれは時折，宇宙線の中に原始以来の反原子核の痕跡を見つけるだろう．国際宇宙ステーション（ISS）に搭載されているアルファ磁気分光器（AMS）を使った実験は，痕跡調査を目的としている．

AMSの目的は，大気圏に衝突する前の原始宇宙線を検出することである．宇宙線で発見されたすべての反粒子は，従来型の原子核と粒子よりなると思われる一次宇宙線と大気自体との激しい衝突により生成されていることを示している．このような衝突では，もともとの反粒子が結合して大きなかたまりになり，重い反原子核を形成する機会はほとんどない．

もし，恒星が反物質からなる宇宙領域があるならば，続いて起こる超新星爆発により，反元素の原子核が宇宙に放たれるだろう．地球の大気圏より高く設置された検出器により，無傷で生き残った反元素の原子核の痕跡を発見するだろう．AMS が ISS に設置されているのはそのためだ．

通常の物質の原子核が正電荷を帯びている一方，反原子核は負電荷を帯びている．したがって，原子核と反原子核は，これらを見分けることを可能ならしめる磁場において，反対方向に離れていくだろう．AMS は特に反ヘリウムの探索に重点をおいているが，今のところは全く発見されていない．仮に反ヘリウムがわずかに存在するとしても，それはヘリウムに比べて 100 万分の 1 よりも少ないに違いない．今日までに得られたすべての証拠からわかることは，宇宙全体は反物質を除外した物質からできているということだ．反陽子と反中性子からなる原子核を中心にもつ反元素の周期表は，理論的には存在するが，観測できる宇宙において，実際にそれが起こっている証拠は何もないようにみえる．

反陽子ヘリウム

このように，反物質はそれ自体で興味深く，従来型の物質の詳細を理解するために反粒子が利用されている．すでに述べたとおり，反陽子はヘリウム原子へ挿入されると，次にその原子核によって消滅させられるということから，反物質や実際反物質が消滅する優先経路が存在するところで複雑なシステムがどのように作用するのかがわかる．このような過程からわかることは，どのようにしてエキゾチック原子が，エキゾチック原子核に変換し，そしてそれが自らなくなっていくかということだ．これは，原子と原子核の研究に反粒子を適用するということである．この適用は目下，基礎的な原子核科学を理解するにあたって価値のあることである．

このような例により，反物質のようなエキゾチックの概念が，科学の分野でどのように応用されるのかがわかる．ここで，おなじみの物質からなる世界に戻り，産業，医療，および人間の健康への原子核物理学の応用について，その概略を述べることで，本書を締めくくることにしよう．

第8章

原子核物理学の応用

原子核内部にある大量の潜在エネルギーは，原子炉の中で放出される．核兵器とともに，一般的にみてこれは最もよく知られた原子核物理学の応用である．熱力学の法則がやはり適用されており，そのことが，原子核エネルギーは変化と，放射性廃棄物になる灰の形成を伴うということになるのである．非常に放射性が高くて危険なものであるこの廃棄物の処理は，大きな政治的・技術的な問題になっている．重水素や三重水素を使って，高温のプラズマ状態における，あるいはレーザーに誘導された核融合による，実用的な電力生産を探索することが研究の盛んな領域となっている．原子力の広範な舞台については，マクスウェル・アービン著による，Very Short Introduction シリーズの『原子力（Nuclear Power）』で取り上げられている．したがって，ここでは原子力については触れず，代わりに原子核物理学の基本的性質や事象が科学と産業の他の分野で道具として利用される方法に焦点をおくこととする.

まず，広範な機会を列挙してみよう．自然放射能という現象により粒子ビームが放出される．この粒子ビームは，他の原子核反応を起こすために，あるいはがん治療において腫瘍を攻撃するために，あるいは試料から放射能を誘導して少量の元素が存在することを明らかにするために利用される.

放射性崩壊は半減期という特性をもつので，試料中の異なる同位体の存在量を測定することにより，相対半減期を考慮に入れて試料の年齢がわかる．岩石や地球の年齢を算定するのに半減期がどのように利用されてきたかについては，すでにみてきた．科学捜査の分野では，偽造者の塗料と本物の偉大な昔の大家の塗料を見分ける方法として半減期が利用されている（美術作品の鑑定)．原子核反応により他の安定元素から放射能を誘導する．これによって生じる崩壊がガンマ線を伴うものであれば，エネルギーのスペクトルはバーコードのようである．このバーコードにより，わずかな量であってももとの元素の存在が引き出される．これが，科学捜査での利用である．安全確保システムでは麻薬や爆薬を知らせる元素の存在を特定するために利用されている.

腫瘍にガンマ線を照射する方法は，この数十年間で普及した．しかしながら，ガンマ線は，目標とするがん細胞だけでなくガンマ線を当てた部分に沿った健康な細胞組織まで損傷してしまう．陽子と他の原子核は電荷を帯びているのでその運動量が制御されるため，がん細胞のところで止まり，そこに最大の損傷を与える．原子核の電荷には利点がもう一つある．多くの原子核は小さい磁石のようなもので，それらの磁性は（核）磁気共鳴画像法（MRI）で身体構造の画像をつくりだすのに利用されている．

最も変わっていることはおそらく，ある原子核は反物質の源であるということである．陽電子を放出する原子核は，陽電子放出断層撮影法（PET）スキャンの線源として医療診断に利用されている．陽電子は工業における材料の試験にも使われる．一般的に多くの例があるが，ここでは非常に豊かな分野から選んだいくつかの詳細を示そう．

放射線医学のがん治療

核診断技術は，外科手術をせずに，人体内部をみることができる方法によって医学に大革命をもたらした．世界的にみて，核医学は100億USドルを上回る売上高を誇るビジネスである．その重要性はおもに不安定同位体が放出した放射線に基づく．これらは，経口もしくは特殊な注入によって，人体内部へ入った元素の放射能によりがん細胞へ照射する，あるいは外部放射線源から出るビームとして，医療に利用されている．核放射線も診断法として利用されている．

すでに述べたとおり，テクネチウム元素は安定同位体をもたないので，地球上で自然には存在しない．テクネチウムは原子核反応によって合成され，医療の処方で幅広く利用されている．実際，この元素は重要であるため，1998 年にカナダの原子核研究所で起きたストライキは，米国だけでも 1 日で，40 000 件の医療処方を脅かした．これにより世界中の至るところで，たくさんの医療処方が取り消されることとなった．

特殊な同位体であるテクネチウム 99m の半減期は 6 時間である（m はこれが核異性体であることを示す．核異性体とは，準安定励起状態の同位体のことをいう）．このテクネチウム 99m は，患者に注射されると，患者の体内でガンマ線カメラで検出することができるガンマ線源となる．たとえば，心臓の動脈に注射されると，テクネチウムの放射性崩壊によって冠状動脈の血流をみることができる．この放射性同位体の半減期は非常に短いので，術後，実際上化学作用を起こさず，また患者が長い時間放射線にさらされることはない．したがって，テクネチウムの利点は，素早く情報収集ができるうえ，総被ばく量が低いということだ．テクネチウム 99m は，骨，肺，心臓のスキャンに幅広く利用されている．

誘導放射能を用いた科学捜査

放射能の有益な活用方法の 1 つとして，すでに試料中にある原子核を放射化してその存在や同一性を明らかにするという方法がある．これは中性子を使って行われる．中性子は簡単に試料に侵入し，その試料を放射化することができる．中性子ビームは，ベリリウムとアルファ粒子線源を反応させてつくりだすことができる．その相互作用は以下のようである．

$$ {}^{4}_{2}\mathrm{He} + {}^{8}_{4}\mathrm{Be} \rightarrow {}^{1}_{0}\mathrm{n} + {}^{11}_{6}\mathrm{C} $$

これにより，中性子がつくられ，試料を照射する．特に低速中性子が効果的だ．というのは，低速中性子は，吸収されるのにかかる長い時間にわたって，電気抵抗を受けることなく，原子核内部に入り込むことができるからだ．これにより，ある物質中の安定原子核は放射性を帯び，それに続く放射性崩壊が検出される．

いくつかの元素を含むある材料に中性子を照射することを思い描いてみよう．新しくできた放射性同位体の性質は，もとの元素によって決まる．このことは，次の点において価値あることだとわかる．さまざまな放射性核種が時間的に異なる割合で崩壊し，種々独特の放射線を放出する．その放出物のスペクトルを測定することにより，わずかな量であったとしても，元素を特定することができるのである．中性子はもとの元素を活性化させて，それ自身の存在を知らせるよう誘発する．これは科学捜査に応用されている．科学捜査では，異分子の痕跡が特定され，近代の材料の同位体含有量から，それが過去に使われていた顔料とは違うものであることを証明することによって，偽造が暴かれる．これは特に芸術の分野で応用されている．

絵画に中性子線を約１時間当てて，顔料の中に低レベルの放射能を発生させると，放出されるあらゆるベータ線が記録される．顔料中のさまざまな元素の原子核は異なる半減期をもっているので，あるものは他のものよりも早く消滅する．したがって，最も早く放射を止める原子核は最も短い半減期であるため，放射後すぐに取り出されるデータの中にのみ現れる．これに反して，寿命の長い原子核は，それ以外の原子核が現れなくなっていった後，しばらくしてから現れる．顔料中のさまざまな色はさまざまな元素を含み，放射化分析において独自の時間で現れる．この技術により，重ね塗りされたサイン，あるいはすべて消し去られた絵画でさえも，あらわにすることができる．自称偽造者は，用いられた顔料の半減期はもともとの顔料の半減期に一致することを保証しなければならなくなる．

中性子線源は小さいため，空港などの保安検査に使われている．TNT，ニトログリセリン，ニトロアミン（RDX）などのプラスチック爆薬の重要な原料となる窒素があるかどうか探すことがそのねらいである．中性子が窒素を放射化し，不安定な励起状態の窒素 15 に変える．

$$^{14}N + n \rightarrow {}^{15}N^{*} \rightarrow {}^{15}N + \gamma$$

このガンマ線は 10.8 MeV という固有のエネルギーをもっている．ガンマ線検出器は，このエネルギーをもつガンマ線が記録されると警告を発するようプログラミングされている．

中性子の放射化は，多くの人からヒ素中毒で亡くなったのではないかと疑われているナポレオン・ボナパルトの髪の毛を分析するのにも使われた．試料として使われた髪は，少年時代のもの，在職中，国外追放にあったときのもの，そして死亡時のものであった．試料は原子炉に置かれ，そこで中性子線が照射された．ヒ素の唯一の安定同位体はヒ素75である．中性子線が照射されると，ヒ素75はヒ素76に変わる．半減期が約26時間のヒ素76はガンマ線を放出して崩壊する．ガンマ線を検出することにより，試料中のヒ素の正確な推定量を測定することができる．以上により，ヒ素量が上昇していったことがわかったが，このことは彼の生涯を通じてのある特徴であるように思われた．それにより，この元素を使って暗殺されたという仮説は退けられた．

診断法

火星からガンマ線という形で私たちに信号を送るようし向けることにより，火星の表面にどんな元素が存在しているのかを知ることができる．これは，1997年のマーズ・パスファインダー（火星探査機）・ミッションにおける戦略であった．そこでは，ラザフォードの後方散乱分光として知られている技術が使われた．この技術は，生体組織検査や産業において試料中の元素含有量を決定するのにも使われている．

この発想は，アルファ粒子を偏向させる能力により原子核を発見したラザフォードのチームによるもともとの実験に由来する．実験で見つかったのは金原子核であったが，代わりにさまざまな元素が存在したと仮定してみよう．アルファ粒子の作用は電荷量と標的原子核の質量によって決定される．標的の質量が重ければ重いほど，アルファ粒子は激しく跳ね返る傾向にある．宇宙飛行士が月へ行くよりもずっと前に，アルファ粒子線源のアメリシウム 241 は月に着陸し，アルファ粒子は月面に当たって跳ね返った．その数はエネルギーによって数えられ，分類された．そのエネルギーから，たくさんの元素が存在することが推定された．

マーズ・パスファインダー・ミッションでは，キュリウム 244 が線源であり，これにより炭素や酸素などの軽い原子を分析した．アルファ粒子の衝突により標的から陽子が放出されると，硫黄やフッ素などのより重い元素が特定される．陽子のエネルギーは，どのような元素が含まれているのか特定するのに重要である．

鉄などのさらに重い元素は，アルファ粒子により誘導された 3 番目の反応から特定されうる．このような分析はピクシー（小妖精）とよばれ，particle induced X-ray emission（粒子線励起 X 線分析法）の頭文字 PIXE が使われている．これは，原子物理学と原子核物理学の双方に関わり，アルファ粒子（あるいは研究室の実験ではおそらく陽子ビーム）が重原子核に近い束縛軌道から電子を叩き出すときに生じる．その結果，含まれている元素に固有のエネルギーの X 線が放出される．この技術が大気中のもやに応用されると，1 兆分の 1 よりも低いレベルで汚染の有無を測定できる．これらの技術は，実際の細胞を損なうことなく細胞中の鉄の存在量が測定できることから，医療においても有益である．健康な細胞組織が破壊されることが化学技術の問題となりうる一方で，原子核物理学はより損傷の少ない診断法となりうる．

宇宙線と自然環境に存在する原子が衝突することにより，放射能を誘導する原子核反応が引き起こされる．大気中の窒素との衝突からいかにして炭素 14 が生成されるかについては，すでに述べたとおりである．炭素 14 の放射性崩壊により，炭素の異なる同位体の存在量が確認され，これをもとにして有機物質の年齢を特定することができる．この技術は環境科学においても活用されている．

炭素は酸素と結合して，大気が海洋と交換しあう二酸化炭素をつくりだす．これにより，二酸化炭素は両極付近で吸収され，赤道領域で解放される．炭素 12 に対する炭素 14 の割合は時が経つにつれて少なくなるので，炭素 14 が，さまざまな地域や深海にある試料中でどれくらいの期間存在していたのかを決定できる．この測定により海洋と大気の循環を測定できる．

宇宙線の衝突により，ベリリウム 7 とベリリウム 10 も生成される．ベリリウムの同位体は容易にエアロゾルに付着する．エアロゾルはオゾン層を破壊する塩素をつくりだす化学反応源である．積雪中の，あるいは高く飛ぶ航空機により収集された大気中の試料に存在するこれらのベリリウム同位体の存在を研究することにより，オゾン層の構造を観察することができる．

核磁気共鳴画像法

核磁気共鳴（NMR）という現象は，人体を撮影し，異常を診断するのに用いられている．これは全く安全であるのに，「核」という言葉が多くの人にとって良くない印象を与えるため，一般的な表記からこの言葉が外されてきた．今日では，磁気共鳴画像法（MRI）として知られている．原子核物理学者でさえ，政治的には間違っていないこのMRIという言葉のほうを採用し，原子核科学がもたらす優れた恩恵をしっかりと周知させていないということを残念に思う．

ここまで読み進めてきた読者の皆さんが，私同様，批判的かつ強い気持ちでいる心構えができていて，NMR（核磁気共鳴）という言葉を用いる私の時代錯誤的使用法を受け入れたものと思うこととしたい．もし，MRIを使ったほうがよければ，それでもよい．その根底はNMRだが，あなたは医学的応用に名前を付けることを選んだということになる．

電荷が回転すると，磁性が生じる．多くの原子核は固有の角運動量あるいはスピンをもっており，帯電すると小さな磁石のように磁場をつくりだす．この性質がNMRに関わるものである．

磁性核を含有する物質試料が磁場にあるとき，原子核は磁場に向かって並ぼうとする．原子核は回転するためきっちりと整列しないが，その代わり，垂直な軸の周りでぐらぐらするコマのように，磁場の周りで揺れる（歳差運動をする）．この歳差運動の程度は，磁場の強さと個別の原子核によって決まる．したがって，磁場の強さがわかったうえで，歳差運動の周波数を測定すれば，原子核の種類を確定することができる．

原子核の正体を明らかにするために，電磁波という形で小さな刺激を与える．電磁波の周波数が原子核の歳差運動周波数と一致すると，共鳴現象が生じる．これがNMRのすべての条件である．条件とはつまり，原子核は磁石であり，電磁波はこの原子核を刺激して共鳴させるということである．この刺激の後，原子核は歳差運動周波数でのラジオ波として，新たに得たエネルギーを放出することによって基底状態に戻る．この周波数を測定することにより，原子核の種類が割り出される．

医学における応用は，人体内部で最も多く存在する磁性核である水素原子核（陽子）に基づいている．その技術は，患者の体内にある陽子を，人体のいたるところでその強さが変わる磁場で揺らすことである．その後陽子は，その位置によって決まる異なる周波数で揺れる．したがって，NMRスペクトルにより，人体内の異なる場所にある水素原子核の数がわかり，コンピューターがそれをその後画像に変える．この技術は，X 線に対して透過性のある柔らかい組織の詳細を明らかにする．さらに，NMR スキャン中に吸収されるラジオ波エネルギーの量はごくわずかであるため，人体への化学変化を誘発することはない．

PET スキャン（陽電子放出断層撮影）

反物質が物質と出あうと，この 2 つは対消滅してガンマ線の閃光となる．最も単純な例は，電子がその反粒子である正電荷の陽電子と消滅するというものである．ある物質において，もとの電子が静止していて，陽電子が運動エネルギーをほとんどもっていなかったとしたら，それらは同じエネルギーをもち，反対方向に消滅の場所を残す 1 対のガンマ線になるだろう．したがって，特別なカメラを使ってこれらのガンマ線を検出することは，対消滅が生じた場所を推定するのに利用されうる．次に，非常にたくさんあるこのような事象を記録することにより場所の分布図をつくり，人の脳などのように，もとの物質の構造を知ることができる（図 13）．

ここで 1 つ問題を．陽電子の線源はどこで手にいれるのか？ 反物質は普通には存在しないので，一時的につくりだす必要がある．陽電子の場合，反物質は原子核の放射能から生じる．ベータ崩壊は電子か陽電子のどちらか一方を放出する．もし，ある原子核の 1 つの中性子が 1 つの陽子に変わったなら，電荷は負電荷のベータ粒子である電子の出現で保存される，ことを思い出してみよう．しかしながら，ある原子核は陽子が中性子へと変わり陽電子を放出するならば，より

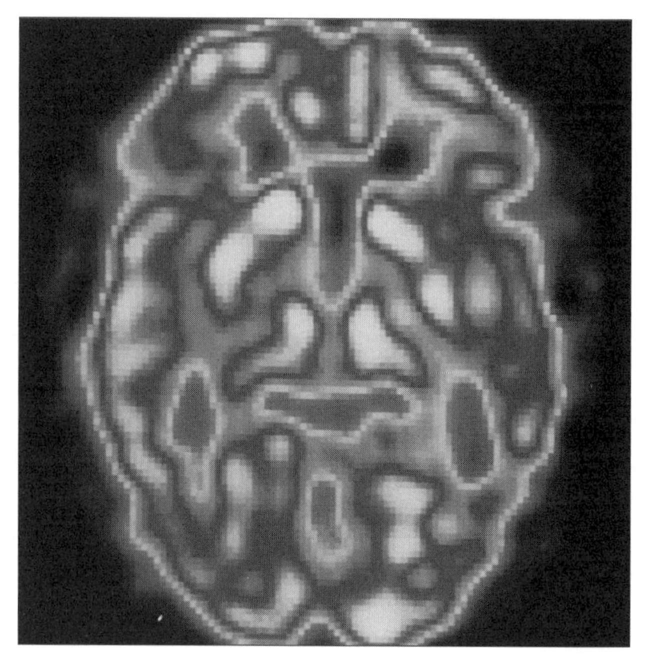

図 13　PET スキャンによる脳の断面画像

安定する．

このような「陽電子放出」のいくつかの例として，炭素11，窒素 13，酸素 15 がある．これらは，人体に多く存在する元素の放射性のものであり，陽電子放出と連動して，身体的な機能を明らかにするのに使われている．放射性の酸素原子は，酸素代謝の研究に対しては酸素ガスに，血液量の研究に対しては一酸化炭素に，脳内の血流の研究に対しては水に，それぞれ付加するのに利用されている．陽電子放出体であるフッ素18が糖分子に付加されると，脳の糖代謝が明らかになり，それによってさまざまな刺激に対する脳の反応を知ることができる．炭素11は，化学的なドーパミンに注入され，パーキンソン病を引き起こす脳疾患の研究に役立っている．

これらの原子は，陽電子を放出し，それらは周囲の細胞組織にある電子によって直ちに対消滅される．その結果生じるガンマ線が検出され，それにより線源がどこにあるのかがわかる．患者を円周上に置かれたカメラで取り囲むことにより，放射能の画像が輪切りで描き出される．このことからtomography（断層撮影法）という言葉は，ギリシャ語で切るを意味するtomosにちなんで付けられた（切ることができないという意味のatomosは，atom（原子）という言葉の時代錯誤的語源である）．

このような陽電子放出体は往々にして半減期が短いため（たとえば酸素15はわずか2分），使用する病院でつくりだされる必要がある．そのために，小さなサイクロトロンを使って，陽子，重陽子もしくはアルファ粒子のビームを適切な標的に向ける．たとえば，重陽子を窒素14に衝突させることにより酸素15と窒素13をつくることができる．酸素15の形成は次のとおりである．

$$d(np) + {}^{14}N \rightarrow {}^{16}O^{*} \rightarrow {}^{15}O + n$$

一方，窒素13は次のように形成される．

$$d(np) + {}^{14}N \rightarrow {}^{16}O^{*} \rightarrow {}^{15}O + n; {}^{13}N + t(nnp)$$

酸素15は，サイクロトロンから直接，隣室にいる患者の吸入マスクへ送られる．

陽電子放出体は，医療分野において世界的に活用されているが，その技術は産業用の物質検査にも利用されている．たとえば，陽電子は，金属の中で電子と対衝突すると金属疲労を明らかにする．金属原子の格子の歪みにより，「休憩場所」が供給される．そこでは，陽電子が対消滅するよりも若干長く生きながらえる．この若干の遅れを観察することにより，物質に亀裂が入り出す前に金属疲労の開始を確認することができる．

以上，反物質の応用について述べた．しかしそれがそもそも原子核物理学であるといえるのは，陽電子はベータ崩壊により現れるにすぎず，短い寿命の陽電子放出体は，第一に原子核の変換によって形成されるからである．

結　び

原子核物理学は豊かで活発な分野である．ここで述べられたこと以上に，広範囲にわたってたくさんのことが存在するが，本書は入門書であり，非常に簡潔なものである．ここでは，歴史や技術についての基本的な考えを述べるに留めたが，実験装置や器具の使用，そして技術については，もっと長い文章が必要であろう．

1世紀少しの間で，この分野がどのように発展してきたかについて述べてきた．原子はその中心に，原子核をもっていることがわかった．原子核は，実在の新たなレベルであり，莫大なエネルギー貯蔵の源である．このエネルギーの原子力，産業および兵器への応用については，基本的な考えに重点をおく本書の範囲では収まらない．原子核物理学の上述のような応用や他の応用について興味をもたれた方は，Very Short Introduction シリーズのマックスウェル・アービン著『原子力（Nuclear Power）』や同シリーズのジョセフ・シラクサ著『核兵器（Nuclear Weapons）』をみてほしい．原子核の発見により，目新しい洞察力や活動分野が生み出された．原子核粒子を研究し，その基本的な力を研究するためにそれを利用したことが，粒子物理学の分野を開いた．原子核物理学の初期におけるこのような副産物が近代粒子物理学であり，この概念については，Very Short Introduction シリーズの拙著『粒子物理学（Particle Physics）』で述べている．放射能の応用と放射能から身を守る方法については，同シリーズクラウディオ・デュニズ著『放射線（Radioactivity）』（邦訳：参考文献参照）で述べられている．

天体核物理学の基礎的概念について述べてきた．天体核物理学自体は広範囲にわたるものであり，別の Very Short Introduction のテーマであろう．原子核をつくりだす法則を発見したことにより，経験的質量公式と次のような結論が導き出された．その結論とは，重力が中性子星として現れる中性子でできた巨大な原子核を形成するというものだ．ビッグバン宇宙論と，超新星についての天体核物理学への原子核物理学の応用のおかげで，今日，元素の構造と元素の相対的存在量は解明されている．地球上でわれわれが出会う冷たい形状の原子核よりもさらに豊かな構造をもつ核物質が存在する可能性から，最後にクォークが発見された．安定したストレンジ物質があらゆる物質の中で最も安定したものであるというのは，サイエンス・フィクションであるが，この考えが考慮されるという事実はまさに，原子核物理学のひらめきをよく物語っている．熱核兵器という形での原子核物理学の応用により，地球上の生命が破壊されるということは，原子核という悪魔が解き放ったファウスト的契約である．しかしながら，何はともあれ私たちがここにいるのは，天体核物理学のおかげである．というのは，カール・セーガンが言った有名な言葉のように，「私たちは星屑である」からだ．もし，あなたがあまりロマンチックでないなら，私たちは今はない核融合炉から放出された原子核の廃棄物からできている，といえるかもしれない．

参考文献

以下に示す参考文献では，原子核物理の文献を包括的に案内するつもりはなく，面白く，有益であり，本書の内容を広げ，捕捉されると思ったものに焦点を当てている．絶版になっている古典がいくつか含まれているが，図書館や古書店で入手できるだろう．

James Binney, *Astrophysics, A Very Short Introduction* (Oxford University Press, 2016). 原子核物理が果たす役割の中でとくに，星の物理の入門書

Brian Cathcart, *The Fly in the Cathedral* (Viking, 2004). 1 章の見出しは，小さなケンブリッジの科学者のグループが「核分裂」競争にいかにして勝ったかについて書かれているこの歴史ものからインスピレーションを受けた．

Frank Close, *Particle Physics, A Very Short Introduction* (Oxford University Press, 2004). 素粒子物理であるが，本書への手引きである．

Frank Close, *The Cosmic Onion* (Taylor and Francis, 2007).（邦訳：井上 健訳，『宇宙という名の玉ねぎ―クォーク達と宇宙の素性（訂正・増補）』（物理学叢書），吉岡書店，1996 年） 20 世紀における原子核物理や素粒子物理の基本概念からヒッグス粒子の重要性までを述べている．一般読者向け．

Frank Close, Michael Marten, and Christine Sutton, *The Particle Odyssey* (Oxford University Press, 2003). 原子核物理や素粒子物理の痕跡や，実験，関連する人々の写真とともに，20 世紀の原子核物理や素粒子物理をたどる，高度なイラスト入りの一般向けの旅．

Maxwell Irvine, *Nuclear Power, A Very Short Introduction* (Oxford University Press, 2011). 本書を補完する原子核物理の応用の入門書．

John Polkinghorne, *Quantum Theory, A Very Short Introduction* (Oxford University Press, 2002). 原子より小さい世界と原子の世界の振舞いについ

て述べている量子論の入門書.
Richard Rhodes, *The Making of the Atomic Bomb* (Simon and Schuster, 1986). (邦訳：神沼二真，渋谷泰一 訳,『原子爆弾の誕生〈上，下〉』，紀伊国屋書店，1995 年） マンハッタンプロジェクトについての正式な話と，原子核物理の初期の優れた歴史.
Claudio Tuniz, *Radioactivity, A Very Short Introduction* (Oxford University Press, 2012).（邦訳：酒井一夫 訳，『放射線—科学が開けたパンドラの箱』（サイエンス・パレット SP-018），丸善出版，2014 年） 放射線の基本概念とその影響，応用についての入門書.
Steven Weinberg, *The First Three Minutes* (Pantheon Books, 1992). 刊行から二十年以上経っているが，いまだにビッグバン後の元素の創成についての優れた一般向け解説書である.
W.S.C. 'Bill' Williams, *Nuclear and Particle Physics*, revised edition (Oxford University Press, 1994). 物理を学ぶ学部生によい詳細な最初の入門書.
David Wilson, *Rutherford—Simple Genius* (Hodder and Stoughton, 1983). 原子核物理の父の詳細な歴史と，この分野の最初の数十年の時系列の歴史.

図の出典

図 2
Oxford University Press

図 4
Oxford University Press

図 5
Oxford University Press

図 7a
Oxford University Press

図 7b
Oxford University Press

図 13
Tim Beddow/Science Photo Library

索　引

あ　行

か　行

さ　行

た　行

な　行

は　行

ま　行

や　行

ら　行

わ　行

欧　文

原著者紹介

Frank Close（フランク・クローズ）

オックスフォード大学理論物理学名誉教授，オックスフォード大学エセクターカレッジ 物理学フェロー．著書に，“Lucifer's Legacy”（2000；邦訳『自然界の非対称性　生命から宇宙まで』），“End”（1988；邦訳『地球の最期　地球と人類を襲う宇宙的危機』），“The Void”（2007；邦訳『なんにもない：無の物理学』），“The Infinity Puzzle”（2013；邦訳『ヒッグス粒子を追え』）などがある．

訳者紹介

名越智恵子（なごし・ちえこ）

元 東京大学原子核研究所．理学博士．昌平黌東日本国際大学名誉教授．著書に，『地球環境の今を考える』（共著，丸善出版，2007），『放射線とは何か　正しく向き合うための原点』（共著，丸善出版，2011），『放射線と原発と私たちの暮らし　福島原発事故――失われた町からの声』（信濃毎日新聞社，2015）がある．

サイエンス・パレット 033

原子核物理 ―― 物質の究極の世界を覗く

平成 29 年 4 月 25 日　発　行

訳　者　名　越　智恵子

発行者　池　田　和　博

発行所　丸善出版株式会社

〒101-0051　東京都千代田区神田神保町二丁目17番

編集：電話(03)3512-3261／FAX(03)3512-3272

営業：電話(03)3512-3256／FAX(03)3512-3270

http://pub.maruzen.co.jp/

組版印刷・製本／大日本印刷株式会社

ISBN 978-4-621-30165-4　C 0342　　Printed in Japan